KB144384

중고등 자녀교육 골든타임을 잡아라

Foreign Copyright:
Joonwon Lee
Address: 3F, 127, Yanghwa-ro, Mapo-gu, Seoul, Republic of Korea
3rd Floor
Telephone: 82-2-3142-4151
E-mail: jwlee@cyber.co.kr

중고등 자녀교육
골든타임을 잡아라

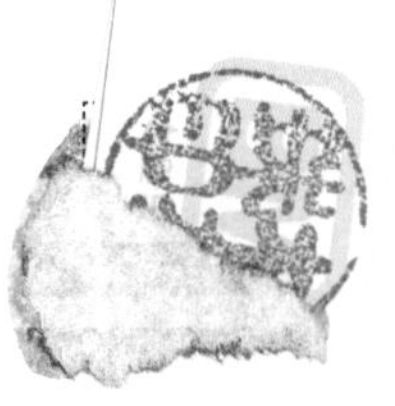

2021. 1. 11. 1판 1쇄 발행
2021. 3. 5. 1판 2쇄 발행

지은이 | 박원주, 김상태, 송민호, 김진만
펴낸이 | 이종춘
펴낸곳 | BM (주)도서출판 **성안당**
주소 | 04032 서울시 마포구 양화로 127 첨단빌딩 3층(출판기획 R&D 센터)
10881 경기도 파주시 문발로 112 파주 출판 문화도시(제작 및 물류)
전화 | 02) 3142-0036
031) 950-6300
팩스 | 031) 955-0510
등록 | 1973. 2. 1. 제406-2005-000046호
출판사 홈페이지 | **www.cyber.co.kr**
ISBN | 978-89-315-9103-3 (13590)
정가 | 15,000원

이 책을 만든 사람들
기획 | 최옥현
진행 | 오영미
교정 · 교열 | 신현정
본문 · 표지 디자인 | 이플디자인
홍보 | 김계향, 유미나
국제부 | 이선민, 조혜란, 김혜숙
마케팅 | 구본철, 차정욱, 나진호, 이동후, 강호묵
마케팅 지원 | 장상범, 박지연
제작 | 김유석

■ 도서 A/S 안내

성안당에서 발행하는 모든 도서는 저자와 출판사, 그리고 독자가 함께 만들어 나갑니다.
좋은 책을 펴내기 위해 많은 노력을 기울이고 있습니다. 혹시라도 내용상의 오류나 오탈자 등이 발견되면 "좋은 책은 나라의 보배"로서 우리 모두가 함께 만들어 간다는 마음으로 연락주시기 바랍니다. 수정 보완하여 더 나은 책이 되도록 최선을 다하겠습니다.
성안당은 늘 독자 여러분들의 소중한 의견을 기다리고 있습니다. 좋은 의견을 보내주시는 분께는 성안당 쇼핑몰의 포인트(3,000포인트)를 적립해 드립니다.
잘못 만들어진 책이나 부록 등이 파손된 경우에는 교환해 드립니다.

중고등 자녀교육 골든타임을 잡아라

박원주, 김상태, 송민호, 김진만 지음

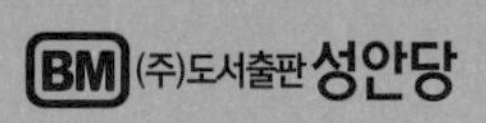

머리말

대한민국의 엄마들은 힘들고 아픕니다. 고입과 대입이라는 입시가 너무 어려워서 힘들고, 자식 일이 마음대로 되지 않아서 마음 아픈 것입니다. 중학생이나 고등학생 자녀를 두신 어머니들 중에서 자녀의 교육과 진로를 고민하시지 않는 분은 아무도 없을 것입니다. 자녀의 성적이 우수하든, 우수하지 않든지 간에 그 나름의 고민이 있기 마련입니다.

"아이가 공부를 너무 안 해서 고민이에요."
"우리 애는 열심히 하는데 성적이 안 올라서 속상해요."
"사춘기 자녀가 자기 방에만 틀어박혀 있어서 걱정이에요."
"아이가 밖으로만 돌고 집에서는 남처럼 행동해서 서운해요."
"게임이나 스마트폰 때문에 아이와 자주 다투고 있어요."
"우리 애는 꿈도 없고 미래에 하고 싶은 것도 없대서 걱정이에요."
"입시가 너무 복잡하고 어려워서 막막해요."

이렇게 어머니들의 고민에는 끝이 없습니다. 저 역시 이와 같은 걱정을 했던 적이 있습니다. 중학교 2학년이 된 아이가 사춘기를 겪으면서부터 하루도 조용한 날이 없을 정도로 갈등이 심했어요. 저랑 호흡이 척척 잘 맞았고 매사에 성실했던 아이가 그 무렵부터 공부를 소홀히 하고 집 밖으로 돌더니, 저와 다투는 날들이 많아졌습니다.

남들보다 늦게 시작된 사춘기가 중3이 끝나 가는데도 잦아들 기미가 안 보여서 아이는 혼란 속에서 고입을 치렀습니다. 게다가 고2까지 사춘기가 이어지면서 중요한 고교 내신도 잘 챙기지 못했습니다. 이러한 어려운 상황 속에서 아이의 대입 때까지 저는 한 치 앞도 내다볼 수 없을 정도로 막막하기만 했지요.

이처럼 자식 일은 마음대로 안 되기 때문에, 어머니들은 분노하고 서운해하고 자책하고 마음 아파합니다. 그런데 자녀 때문에 속앓이하는 것도 힘든데, 교육과 입시는 아무리 알아보러 다녀도 늘 어려웠습니다. 중학교 공부 다르고, 고등학교 공부가 달랐습니다. 그리고 내신 따로, 수능 따로 준비해야 하더군요.

게다가 대학 입시는 왜 그리 복잡하고 어려운걸까요? 대입 설명회마다 부지런히 들으러 다녀도 입시 용어가 생소하고 연사들의 설명이 이해가 안 될 때가 많았습니다.

아이가 중학생, 고등학생이던 시절에 이 모든 것을 겪느라 제 자신이 마음 아프고 힘들었기에 저와 비슷한 상황을 겪고 계실 어머니들께 조금이나마 도움이 되었으면 하는 마음에서 이 책을 출간하게 되었습니다. 초등학생 때부터 대학 입시까지 아이와 함께하면서 실수와 시행착오 끝에 깨달은 점들을 진솔하게 알려 드립니다.

제 경험만으로는 자녀 교육과 입시에 대해 고민하시는 어머니들께 실질적인 도움을 드리는 데에 한계가 있기에, 공교육 교사 및 입시 전문가들과 합심하여 공동으로 집필했습니다. 현직 고교 교사이신 김상태 선생님의 학생 지도 경험과 교육에 대한 통찰을 공유해 드립니다. 아울러 입시 실전을 두루 경험하신 입시 전문가 송민호 대표님과 김진만 소장님의 입시 지도 노하우도 알려 드립니다.

〈1부〉 '창조적 파괴, 사춘기 이해하기' 편에서는 사춘기에 대한 일반적 오해에 의문을 제기하고, 아이의 사춘기를 어떻게 이해하고 받아들이면 좋을지에 대해 실제 사례와 극복 스토리를 들려 드립니다. 또한 성장의 결정적 시기인 사춘기 때 건강한 성장을 돕는 방법을 고교 교사가 조언해 드립니다.

〈2부〉 '갈림길투성이 미로에서의 선택' 편에서는 자녀 교육과 입시에서 겪는 딜레마를 공유하며 실제 사례를 통해 그 해법을 찾아보고자 합니다. 사교육 시장에 만연해 있는 '수학 진도 미리 빼기'의 실태와 그 효과에 대한 경험담을 공유하면서, 수학 선행 여부를 고민하고 계신 어머니들께 대안을 제시해 드립니다. 또한 고교생들이 가장 고민하는 문제인 '수능에 집중할 것인가, 내신에 올인(all in) 할 것인가'에 대한 경험담과 함께 입시 전문가의 조언을 전해 드립니다.

〈3부〉 '자녀의 학습력을 높이는 과목별 공부법' 편에서는 국어와 독서, 수학, 과학, 영어 공부법과 실력을 기르는 방법을 알려 드립니다. 먼저 '국어'와 '독서' 파트에서는 고교 국어와 수능 공부에 대한 경험담과 함께, 교육 전문가가 추천하는 미디어를 활용한 언어 학습법을 소개해 드립니다. 다음으로 '수학' 파트에서는 중학교 수학 공부 방법과 고등학교 수학 공부 방법을 알려 드리며, 교육 과정 내에서 내신 수학과 수능 수학의 차이점과 준비법을 공유해 드립니다. '과학' 파트에서는 과학 공부의 목적에 따라 달라지는 목표를 제시하고 여러 가지 과학 공부법을 알려 드립니다. 끝으로 '영어' 파트에서는 내신과 수능에서도 통하는 영어 실력을 기르기 위한 어휘 공부법과 문법 공부법을 제시해 드립니다.

〈4부〉 '입시의 실제' 편에서는 고입과 대입을 다루고 있습니다. 먼저 자녀에게 가장 유리한 고교 선택법을 실제 사례와 함께 알려 드립니다. '대입 수시' 파트에서는 전 서울대 입학사정관이 학교생활기록부를 이해하고 활용하는 방법을 소개해 드립니다. 또 입시 전문가가 자녀의 강점을 살리는 수시 전형을 선택하는 방법과 전공 적합성을 높이는 수시 준비 로드맵 설계법을 구체적으로 알려 드리고, 선배 엄마의 경험담도 함께 전해 드립니다. '대입 정시' 파트에서는 수능 성적표 해석하는 법, 내신 평균을 중심으로 입시 결과 자료 해석하는 법, 수능 성적을 중심으로 입시 결과 자료 해석하는 법을 소개하고, 입시 전문가가 정시 지원 전략을 세우는 노하우를 알려 드립니다.

'한 아이를 키우려면 온 마을이 필요하다'는 말이 있습니다. 우리 사회를 이끌어 갈 다음 세대들을 교육하기 위해서는 교육 공동체 모두의 협력이 필요하다는 의미입니다. 각자 '학부모'와 '교사', '교육 전문가'라는 입장이 다를 수 있지만, '우리 아이들을 훌륭하게 교육시켜서 미래 사회의 주역으로 키워 내자'는 목표는 동일합니다. 선배 엄마와 공교육 및 사교육의 전문가들이 교육 공동체로서의 책임을 공감하고 서로 협력하는 데에 뜻을 모았습니다. 이 책을 통해 각자의 분야에서 각자의 목소리로 자녀 교육과 입시에 힘들어하는 부모님들께 생생한 경험과 노하우를 전해 드립니다. 이 책이 자녀 교육과 진로 진학 지도에 참고와 도움이 되기를 간절히 바랍니다.

2020년 12월
박원주, 김상태, 송민호, 김진만

차례

1부 창조적 파괴, 사춘기 이해하기

1장 사춘기의 늪에 빠진 아이와 가족

2장 사춘기 아이들에게 일어나는 일

3장 사춘기, 파괴적 창조를 위한 조언

4장 우리 아이 사춘기 실제 사례

2부

갈림길투성이 미로에서의 선택

1장 여러 가지 딜레마

2장 내신과 수능 준비는 두 마리의 토끼일까?

3부
자녀의 학습력을 높이는 과목별 공부법

1장 국어와 독서 이야기

2장 내신 수학과 수능 수학

3장 현실판 인생극장: 과학 공부하기

4장 내신과 수능에서 통하는 영어 실력을 기르려면

4부 입시의 실제

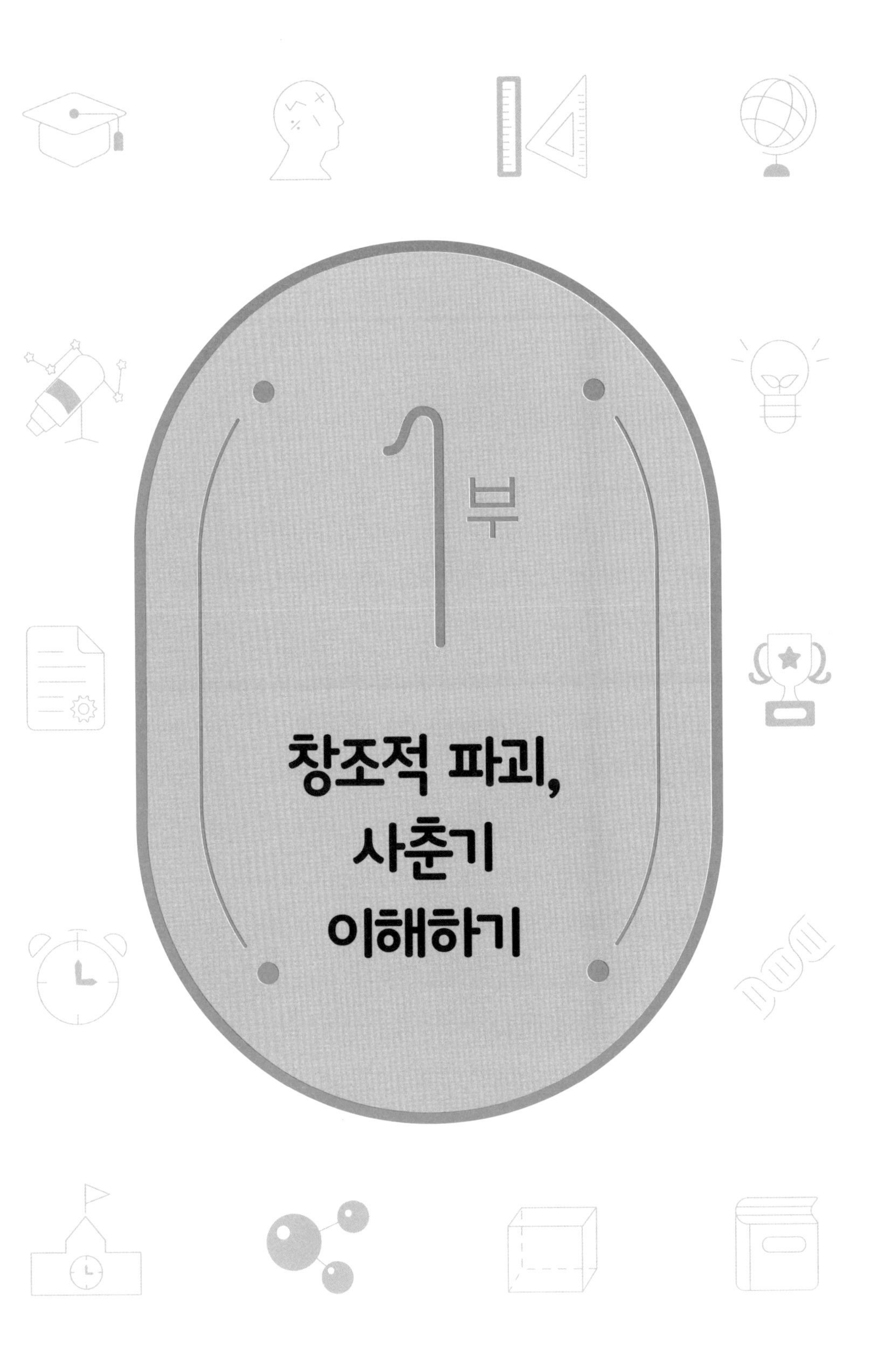
1부
창조적 파괴,
사춘기
이해하기

1장

사춘기의 늪에 빠진 아이와 가족

들어가며

유명 대학 진학 vs. 온전한 인간으로의 성장

질문으로 이야기를 시작해 보겠습니다. 자녀가 좋은 대학에 들어가길 바라시나요, 아니면 온전한 인간으로 성장하기를 바라시나요?

이 두 가지는 함께할 것 같으면서도, 입시를 생각하면 왠지 한꺼번에 잡을 수 없는 두 마리 토끼 같다는 느낌이 듭니다. 차근차근 성장하는 시간을 보내고 나면 대학 진학이 멀어진 것 같습니다. 반면에 좋은 대학을 좇아 합격하고 나면, 성공에 가까워진 것 같으면서도 미래는 여전히 불투명하고 불안하기만 합니다. 그럼에도 대학이 이후의 삶에 큰 영향을 주기 때문에 대부분의 사람은 대학 입학까지 많은 에너지를 쏟아 한길로 달려갑니다.

2019년 후반, JTBC 프로그램 〈차이 나는 클라스〉에서 김누리 교수는 한국에 몇 년간 살았던 이탈리아 철학자 프랑코 베라르디의 말을 전합니다. 베라르디에 따르면, 한국 사회의 특징은 '끝없는 경쟁', '극단적 개인주의', '일상의 사막화', '생활 리듬의 초가속화', 이렇게 네 가지로 규정됩니다. 김 교수는 이러한 특징들이 끝없는 경쟁에서 비롯되었다고 강조하면서, 나아가 우리 교육이 '반(反)교육'이라고 규정하고 독일 교육을 기반으로 방향성을 제시한 바 있습니다.

일각에서는 김 교수의 주장을 비판합니다. 그리고 교육에 하나의 정답이 있을 리도 만무합니다. 하지만 적어도 '경쟁으로 인해 삶이 힘들다'는 사실은 많은 한국인이 공감할 것이라고 생각합니다.

미래를 설계할 때 대학 진학을 무시할 수 없으며,
입시 준비와 전인적 성장을 병행하기 어렵다는
말 또한 수긍이 갑니다.

과장된 면이 있기도 하지만 성적에 대한 바람과 걱정, 그리고 경쟁의식을 13분의 짧은 시간 동안 긴장감 있게 잘 그려낸 〈토스트〉라는 단편 영화가 있습니다. 유튜브에서 '토스트 이규성'으로 검색하면 최상위에 검색되는 영화입니다. 긴장감 넘치거나 무서운 영화, 또는 성적에 대한 풍자를 싫어하지 않는다면 한번 감상해 보세요. 이 영화는 엔딩 크레디트의 내레이션에도 반전이 있으니, 가능하면 끝까지 보시길 추천합니다.

아무튼 성적이나 입시는 학생들만의 문제가 아닙니다. 부모와 교사, 친구나 친지들에게도 정말 중요하고도 조심스러운 영역입니다. 그리고 사춘기 아이들은 자기 내면의 흐름에 더 예민하다 보니, 가족이나 주변에서 생기는 일에도 큰 영향을 받습니다. 그러므로 주변 사람들로서는 행동 하나 하나가 어렵고 조심스러운 시기입니다.

이런 맥락에서 볼 때 사춘기는 흔히들 중시하는 두 축인 '진학'과 '인격체로서의 성장' 모두에 접해 있어, 큰 기회인 동시에 고민거리이기도 합니다.

이 시기를 어떻게 보내느냐에 따라 대학 입시를 포함한 많은 것이 달라집니다. 안타깝게도 이 시기의 여정 앞에는 많은 갈림길이 있고 하나하나의 선택은 모두 어렵기만 합니다. 숱한 갈림길에서 자녀와 부모는 어떤 선택을 해야 할까요?

이런 선택에서 사회의 변화나 기준은 매우 중요합니다. 하지만 여기서 다루기에는 너무나 복잡하고 큰 문제이면서 사람마다 판단이 다른 부분이기도 합니다. 그래서 지금은 주변 상황이 아니라 아이 본인에 대해 알아보겠습니다. 키워드는 바로 사춘기입니다.

시기와 특징에 대해 여러 가지 서로 다른 의견이 있지만, 사춘기는 대체로 10대 전반을 아우르는 시기라고 할 수 있습니다. 초등학교 고학년이 시작되는 4학년 전후부터 대입 초반까지가 여기에 해당됩니다. 통칭하여 '요즘 10대 무섭다'고 할 때의 10대가 바로 사춘기와 맞물려 있다고 볼 수 있습니다. 그래서 사춘기와 10대, 그리고 청소년은 동일한 대상을 가리키는 다른 표현으로 여겨지기도 합니다.

조사 시기에 따라 비율이 달라질 수 있기는 해도, 사춘기를 맞은 아이들의 80% 정도는 극단적이라고 할 만한 문제를 일으키지 않고 넘어간다고 합니다. 한마디로 거의 모두 무난하게 지나간다는 말인데, 무난하다는 것이 수월하다는 의미는 아닙니다.

누구에게 언제 어떤 일이 생길지 모르는 사춘기가 별다른 문제없이 지나가기를 바라고 또 바라는 마음과 함께, 사춘기를 둘러싼 사람들의 두려움 또한 존재합니다. 본인에게도, 가족에게도, 그리고 학교에서 지도하는 선생님들에게도 사춘기는 '큰일'입니다. 순간의 방황이 진로와 진학에 결정적인 영향을 미침으로써 이후의 삶을 크게 좌우하는 시기이기 때문입니다. 성장과 대학을 이야기하면서 사춘기 이야기부터 꺼내는 이유가 바로 이것입니다.

다음 표는 사춘기에 대한 생각을 점검해 보기 위한 질문입니다. 각각의 질문에 대한 답변을 O 또는 X로 표시하고, 그렇게 생각하는 이유를 적어 보세요.

목표나 문제 인식이 분명할수록
해결의 실마리나 극복 방안은
확실한 효과를 발휘합니다.

그리고 답은 하나가 아닙니다. 이 책 중간중간에는 자신이 겪는 문제와 그에 대한 원인, 대안 등을 정리할 수 있는 공백들을 마련해 두었습니다. 빈칸으로 남겨 둔 채 넘어가도 되지만, 가급적이면 몇 자라도 적고 생각해 보신 후에 독서를 이어 가시기를 추천합니다.

사춘기에 대한 생각 점검표

질문	답변 (O, X)	이유
두뇌 발달과 성적 향상은 이미 늦었다?		
충분히 한 사람의 독립된 인격체다?		
폭발하는 감정이 문제다?		
자연스럽게 지나가면 다행이다?		

두뇌 발달과 성적 향상은 이미 늦었을까?

"○○이는 지금 영어 뭐 하고 있어?"
"응? 영어? ○○이는 아직 한글도 안 뗐는데? 벌써 영어 해?"
"무슨 소리야? 두 살 지나면 외국어는 늦어."
"학교 들어가서 배우면 늦는 거야?"
"당연하지. 학교 들어가서는 계속 차이가 벌어져. 특히 4학년 때는 사춘기 시작되고, 수업 내용도 어려워져서 그때 시작하면 뭘 해도 안 돼."

학부모나 학생이 아니어도 낯익은 대화가 아닐까요? 특히 2~3세까지의 영유아 시기는 매우 중요한 시기라고 합니다. 두뇌 발달은 태어나기 전부터 시작하고 갓 태어난 아이는 뇌세포 간의 연결(시냅스)이 폭발적으로 늘어나서 성인의 2~3배까지 증가한다고 해요. 시간이 지나면서 자극받지 않은 시냅스가 줄어들지요. 간단히 말해서 덩치를 불렸다가 필요한 것들을 남기고 제거하면서 네트워크를 정리 및 구축하는 시기입니다.

> 2~3세 정도면
> 뇌의 네트워크 정리 및 구축이
> 대부분 완성됩니다.

그래서 태교할 때부터 수학 문제집을 풀거나 정서에 좋은 음악을 듣는가 하면, 태어나서부터 외국어를 접하게 해야 한다는 사람들도 있습니다. 최근의 연구 결과를 보면, 생후 2~3개월이면 부모가 말할 때 성인과 동일한 뇌 부위가 활성화된다고 하니, 이 시기의 자극이 정말 중요해 보입니다.

그런데 일찍부터 많은 걸 가르친다고 좋은 게 아니라 시기별로 중요하고 적절한 자극이 따로 있다고 합니다. 그러니 대부분의 부모는 어려움을 느낄 수밖에 없습니다. 경제적 여유가 있다면 학원이나 컨설팅 업체의 도움을 받는 등, 무리해서라도 아이에게 기회를 제공하려고 합니다.

제 아이는 초등학교 1학년인데, 자기 아이가 지금 할 수 있는 것, 관심 있는 것에 따라 재능이나 미래의 직업을 가늠하려는 학부모들을 주위에서 많이 봅니다. 사회 변화의 속도가 빠른 시대이다 보니, 재능에 따라 적절한 기회를 제공해야 한다는 불안감과 압박감이 더 강해진 것 같기도 합니다. 그래서 좋은 학교와 학원을 바라고, 아이가 어려서 뚜렷한 관심과 재능을 보여 주기를 바랍니다. 이렇게 부모의 바람과 걱정 속에 아이의 초기 경험과 발달이 지나갑니다.

아이의 첫 번째 변혁의 시기가 두뇌 발달에 주목해서 지나간다면, 초등학교 입학 후에는 성적이 중요한 요소로 떠오릅니다. 많은 책이나 강연에서는 어릴 때의 두뇌 발달이 중요하다고 강조합니다. 그리고 입시로 이어지는 학창 시절의 성적이 초등학교 4학년 때 결정된다고들 합니다. 특히 4학년부터는 수학이 급격히 어려워지고, 공부를 곧잘 하는 것 같던 아이도 기초가 부족하면 뒤처지므로 이때를 잘 대비하고 이겨내야 한다고도 합니다.

많은 사람이 이 두 가지 주장을 꽤 신빙성 있게 받아들이는 것 같습니다. 제가 학교를 다니던 20~30년 전만 해도 고교 진학 이후에 수학 성적이 떨어졌다고 걱정하는 경우가 많았습니다. 사춘기는 예전에 비해 2~3년 앞당겨졌다는데, 학습에 급격한 변화가 오는 시기는 5~6년 앞당겨졌으니 공부에 대한 관심이 생물학적인 변화를 훨씬 앞질러 가는 것 같습니다.

기초가 부족하면 중학교 때도 어려워하는 '분수의 덧셈과 뺄셈' 같은 내용이 초등학교 4학년부터 등장하니, 이 무렵에 공부가 특히 어려워지는 것은 분명합니다. 이를 토대로 이 시기야말로 이후의 성적을 좌우하는 중요한 시기라고 많은 사람이 입을 모아 말합니다.

상황이 이러니 중학교 정도 되면 성적이 회생 불능이라고 생각하는 경우가 많습니다. 능력치도 낮고 공부해야 할 것이 쌓여서 더 힘들어지니까요. 열심히 하려고 해도, 기본적인 교과서 내용도 잘 모르는데 듣도 보도 못한 문제들마저 나옵니다.

게다가 여러모로 예민한 사춘기라서, 틀린 답이라도 하면 친구들에게 놀림당할까 봐 입을 꾹 닫기도 합니다. 공부가 뒤처지면 더욱 못하는 길로 들어서는 악순환의 고리에 빠지는 것입니다.

잘하고 있어도 고민은 마찬가지입니다. 초등학교 4학년이 학습 부담이 급증하는 첫 단계일 뿐, 이후에도 그러한 단계는 꾸준히 등장하기 때문입니다.

사춘기를 '운전자 없이 엔진만 돌아가는 상태'로 비유하는 사람도 있을 지경인데, 두뇌 발달과 성적 향상이 가능하긴 할까요?

사춘기는 정말로
이미 늦은 시기가 아닐까요?

★ 이번 이야기의 주제와 관련된 사례, 질문 등의 키워드, 그리고 그에 대한 원인, 대안 등을 아우르는 자신의 생각을 적어 볼까요?

키워드

자신의 생각

충분히 한 사람의 독립된 인격체일까?

사춘기의 중요한 변화 중 하나는 호르몬에 의한 2차 성징입니다. 간단하게 말해서 외모가 성인과 비슷해지는 것이지요. 요즘은 옷차림이나 언어, 행동 등에서 성인과 아이의 구분이 불분명해졌습니다. 특히 체구나 옷차림 등은 조금 빨리 성숙한 초등학교 고학년이나 중학생 정도만 해도 얼핏 보면 젊은 나이의 성인과 별반 다르지 않습니다.

이 시기쯤 되면 사용하는 어휘나 태도 또한 성인과 크게 다르지 않습니다. 사춘기 청소년들은 사용하는 언어나 관심사 등도 논리적인 편이고 사회 및 정치 견해가 있는 듯 보입니다. 조금만 관심을 기울이면 성인과 청소년이 접근할 수 있는 정보의 차이가 크지 않고, 학교에서도 다양한 소재를 기반으로 한 활동을 합니다. 그렇기 때문에 오히려 특정 주제에 대해서는 무관심한 성인보다 알고 있는 정보가 더 많은 경우도 있어서, 외모나 대화에 있어서 얼핏 보면 독립된 사고를 하며 스스로를 책임질 수 있는 인격체로 생각됩니다. 10대 후반의 경우 이제 선거에 참여할 수 있고, 학교나 지방자치단체 관련 사안이나 집회 등에서도 참여도가 높아졌습니다.

그림 청소년 참여포탈 홈페이지

10대 내부에 변화가 생겼을 뿐만 아니라 사회도 이들을 성인으로 인정하기 시작했습니다. 2020년 4월 15일, 21대 총선은 고등학생 유권자를 10만 명 넘게 포함하여 치러졌습니다. 2019년 연말, 선거권 연령 기준이 '만 18세 이상'으로 정해짐에 따라 고등학생도 선거를 할 수 있게 된 것입니다. 참정권이 주어진 것이 유일한 변화는 아닙니다. 투표하지 못하는 연령의 청소년들도 1만 명 가까운 인원이 모의투표를 통해 지지 정당에 대한 표심을 보여 주었습니다. 이 모의투표에서는 현재 정당들에 대한 지지율 순위가 다르게 나타나 주목을 받기도 했습니다. 이 외에도 청소년 참여포탈 사이트 등을 통해 청소년이 직접 정책을 제안하고 변화를 만들어 가는 기회가 늘어났고, 참여도도 높아지고 있습니다.

이렇게 사춘기 청소년은 성인과 동등하게 생각될 만한 면모를 갖추고 있어 한 사람의 독립된 인격체로 간주할 만합니다. 인격체란 인격을 갖춘 개체를 뜻합니다. 그럼 인격은 무엇일까요?

심리학적·윤리적 측면에서 볼 때, 인격이란 자기 자신을 '유일'하고도

'지속'적인 자아로 의식하는 작용이나 진위와 선악을 판단하는 능력, 자율적 의지를 의미합니다.

따라서 '인격체'는
지속적인 자아를 가지거나 진위와 선악을 판단하고
자율적 의지를 가진 개체를 가리키지요.

이렇게 보면 인격체라고 부를 수 있는 성인은 얼마나 될까 의문이 들기도 합니다. 안정적인 정체성을 갖추거나 이성에 따라 판단하고 행동하는 것은 성인에게도 어려운 일이기 때문입니다.

사춘기 청소년은 과연 자신에 대해 안정적인 정체성을 갖추고 있을까요? 이성적인 판단 기준이 명확하게 서서 진위와 선악을 판단할 수 있을까요?

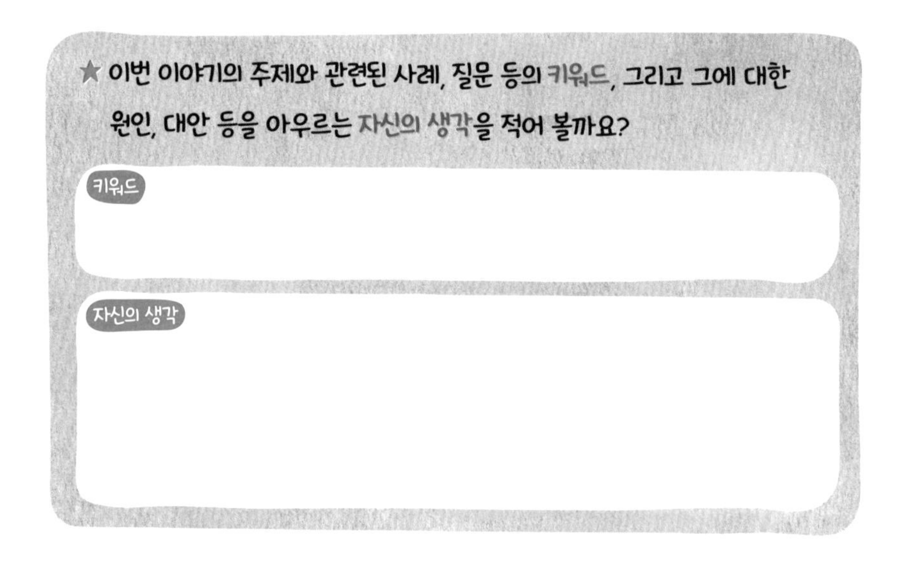

폭발하는 감정이 문제일까?

번개처럼 달려가 엄마가 들고 있는 하늘 마을을 빼앗았다. 그 바람에 엄마 손에 잡힌 산장이 찢어졌다.

"하지 마세요!"

"얘가 지금 누구한테 큰 소리야. 얘, 나 네 엄마야."

"저한테 자꾸 왜 이러세요."

"얘 좀 봐. 내가 너한테 뭘 어쨌는데 그래?"

"전, 엄마가 힘들어요. 집을 나가고 싶을 정도로……."

…(중략)…

"그래, 나가라. 너보다 어린 한강이도 나갔는데 너라고 못 나가겠니? 하긴, 언젠가 너도 떠날 줄 알았다. 너희 웃긴다. 사춘기라고 하면 다 용서되는 줄 아니? 우리가 너희한테 뭘 그렇게 잘못했니?"

– 김려령, 『내 가슴에 해마가 산다』(문학동네어린이, 2007) 중에서

엄마가 원하는 대로 해야 한다는 불만이 쌓이던 하늘이는 드디어 엄마에게 크게 한 방 날립니다. 집을 나간다는 극단적인 표현은 아니더라도 사춘

기 자녀가 있는 집에서는 크고 작은 감정의 충돌이 자주 일어납니다.

아침 등교 시에 자녀를 깨우는 과정에서, 숙제 다 했냐는 말 한마디에서, 시험 기간 느슨하게 공부하는 것 같은 모습에서, 화장하느라 지각하고 연예인 출연 방청을 위해 밤늦게 귀가하는 행동에서 등등, 부모와 자녀 간에 빚어지는 감정 충돌은 비일비재합니다. 간혹 이성(理性)이 없는 사람처럼 행동하는 것은 오히려 다행이고, 애초에 이성과 판단력이 존재하지 않는 것 같을 때도 있습니다.

분명 부모는 자녀를 아끼고 사랑합니다. 그리고 아이의 미래를 위해서 열심히 노력하면서 정성을 다해 조언하고 필요한 것을 제공하려 합니다. 그런데 아이는 도대체 왜 그럴까요? 부모 마음을 몰라서일까요? 그럴 때면 백희나 작가의 그림책 『알사탕』에서처럼 부모의 마음을 들려주는 알사탕의 힘이라도 빌리고 싶어집니다.

그런데 사춘기의 감정 문제는 부모와의 사이에서만 일어나는 일이 아닙니다. 흔히 사춘기를 '질풍노도의 시기'라고 합니다. 감정 기복이 크고 이성 관계에 관심이 많다 보니, 이성 관계에서 오는 감정 문제에도 깊게 빠져듭니다.

또래 집단의 상호 작용에 예민해서
그 안에서 생기는 문제에
크게 흔들리는 모습을 보입니다.

저를 따르고 저 역시 아끼던 남학생의 경우, 여자 친구가 저와 대화하다가 눈물을 흘리는 모습을 보자 '울릴 필요는 없지 않냐'며 대듭니다. 또 여자 친구와 헤어진 지 며칠 후, 이별 장소의 지명이 언급된 것만으로 한참 울다가 점심을 아예 못 먹기도 합니다. 언제나 두 그릇 넘게 먹던 아이가 말이지요. 친구 문제로 전학을 가거나 교내 위원회가 열려 부모님까지 개입하는 문제가 없는 해라면 그나마 다행입니다. 크든 작든 친구 관계가 흔들리거나 따돌림 문제로 상담할 일은 한 학기에 한 번만 있기를 바라는 것도 큰 욕심입니다.

그러니 사춘기 청소년의 감정 문제는 부모와 교사, 친구 등 모두에게 중요한 일이고 잘 맞춰 주어야 하는 일이 됩니다. 특히 자신과의 갈등 때문에 성적이 떨어져서 장래의 꿈에 지장을 준다는 생각이 들면 부모 마음은 아프기만 합니다.

이런 걸 보면 사춘기에 가장 중요한 문제는 역시 감정인 것 같습니다. 감정 폭발 없이 사춘기를 넘기면 다행일까요? 대체로 안정적인 감정 상태로 사춘기를 넘기면 학업 등 다른 문제도 크게 문제될 것 없다고 생각되시나요?

종양으로 인해 정서적으로 반응하는 구조가 바뀐 신경 질환자들은 합리적 계획 작성 능력이 떨어집니다. 여기서 우리는 감정 문제가 합리적 사고에도 얼마나 큰 영향을 미치는지 알 수 있지요.

우선 마음이 열려 있고
감정이 안정적이어야 대화도 가능하고
조언이나 변화도 가능합니다.

사춘기를 통틀어 '감정'은 중요한 문제임에 틀림없습니다. 우리는 이 문제를 어떻게 이해하고 접근해야 할까요? 그리고 사춘기의 감정 폭발은 어느 정도로 중요한 문제일까요?

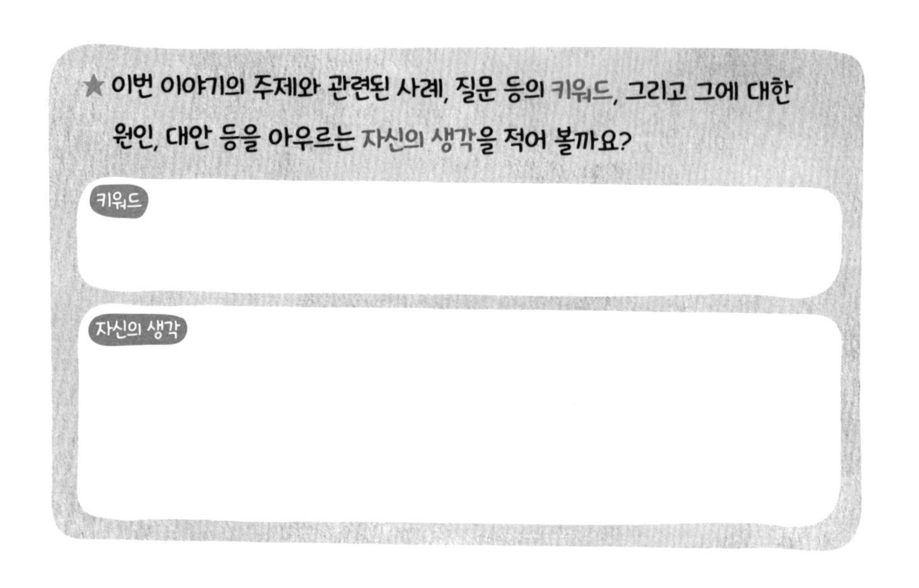

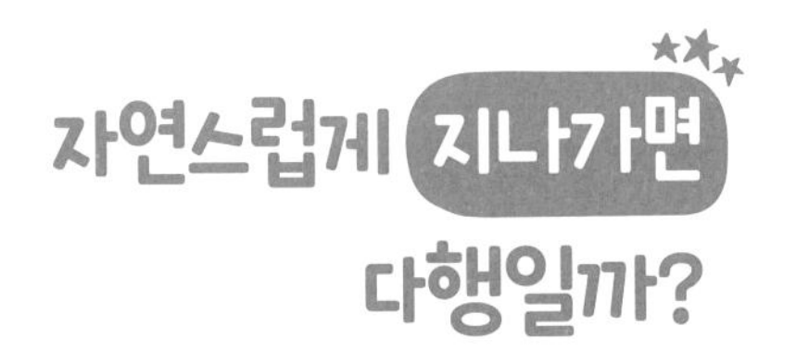

방학을 맞아 여행 가자고 졸라대는 친구들, 잠은 모텔에서 자면 되는데 겁먹었냐며 호기롭게 말하는 친구들을 뒤로하고 지훈이는 집으로 들어갑니다. 얼마나 지났을까, 지훈이는 고민 섞인 표정으로 고개를 돌려 친구들이 갔는지 확인합니다. 그러고는 반대 방향으로 몸을 돌려 술집과 노래방이 즐비한 유흥가로 찾아갑니다. 명품 바텐더라고 홍보하는 전단지를 발로 밟으며 길을 건넌 다음, 무표정한 얼굴로 터벅터벅 위프 호텔 후문을 통과합니다. 익숙한 듯 아닌 듯, 교복을 입고 들어서는 지훈이. 청소년기의 일탈을 그린 작품인가, 아니면 순진한 고등학생의 모텔 도전기인가 싶을 정도로 영화는 밋밋하게 시작합니다.

아빠의 사업 문제로 가족 모두가 당분간 모텔에서 지내게 된 청소년의 이야기를 다룬 단편 영화 〈모텔 바캉스〉입니다. 연기나 줄거리가 꽤나 밋밋하게 느껴질 수 있지만, 잘 들여다보면 사춘기에 겪을 법한 감정선, 생뚱맞은 의외의 행동이 드러나 있습니다.

지훈이는 친구들의 아지트 격이던 예전 집 앞에서 친구들과 헤어져 들어갔다가 나오는가 하면, 집에서 놀자는 친구들의 말에 '안 된다'며 짜증만 냅니다. 집안 분위기 때문에 드나들기 어렵다고 적당히 이야기할 법도 한데, 자존심인지 뭔지 모를 감정으로 그마저 쉽지 않습니다. 생활고로 모텔에 묵으면서도 학원비는 구해 주는 부모님이 걱정되면서도, 학업에 대한 부담감으로 짜증이 나는 등, 심경이 복잡하다 보니 공부에도 집중하지 못합니다.

한편 모텔 아르바이트생 누나는 지훈이를 친동생처럼 살갑게 챙겨 줍니다. 돈이 급한 듯한 누나에게 학원비를 건네주려다 거절당한 지훈이는 학원 대신 PC방을 드나들기도 합니다. 이제 막 마음을 열어 가는 지훈이에게 누나는 '학원 잘 다니기로 해서 잘됐다'면서 모텔을 그만두고 부모님에게 돌아갈 거라고 말합니다. 그러자 지훈이는 '뭐가 잘된 거냐'고 반문하고, 덮어 주었던 누나의 잘못을 경찰에 신고하는 돌발 행동을 합니다.

이성적인 판단과 행동,
그리고 즉흥적이고 감정적인 판단과
돌발 행동이라는 대조적인 요소가 복잡하게 뒤섞여 있는
시기가 바로 사춘기입니다.

유별나지 않아도, 유명하지 않아도, 큰 사고가 없어도 본인을 포함한 주변인들에게 힘든 시기지요. '흔하다는 게 쉬운 것은 아니다'라는 말에 딱 들어맞는 듯한 사춘기의 특성이 고스란히 담긴 단편 영화입니다. 사춘기를 보내는 10대와 부모님들은 어색한 연기와 밋밋한 연출처럼 사춘기가 약간의 어색함과 함께 무난하게 지나가면 좋겠다고 바랄 것입니다.

부모님들은 행여 집에 무슨 일이라도 생기면 사춘기 자녀의 감정을 자극할까 봐 조마조마하면서 이중고를 겪습니다. 그러면서 한편으로는 자녀가 공부 잘하고 쑥쑥 성장해서 앞으로의 인생을 편안하게 살기 바라지요. 그중에서도 대입 성공은 무시하기 어려운 큰일입니다. 자녀의 사춘기를 앞두고 있거나 이미 겪은 부모님이라면 모순된 것 같은 이런 마음을 너무나 잘 아실 겁니다.

사춘기, 과연 문제없이 무사히 지나가는 것이 우선일까요? 그러면 재수나 편입, 대학원이든 뭐든 해서 기회는 다시 올 수 있을까요?

사춘기의 핵심은 무난한 통과일까요,
아니면 앞으로의 인생을 위한 투자와 인내일까요?

★ 이번 이야기의 주제와 관련된 사례, 질문 등의 키워드, 그리고 그에 대한 원인, 대안 등을 아우르는 자신의 생각을 적어 볼까요?

키워드

자신의 생각

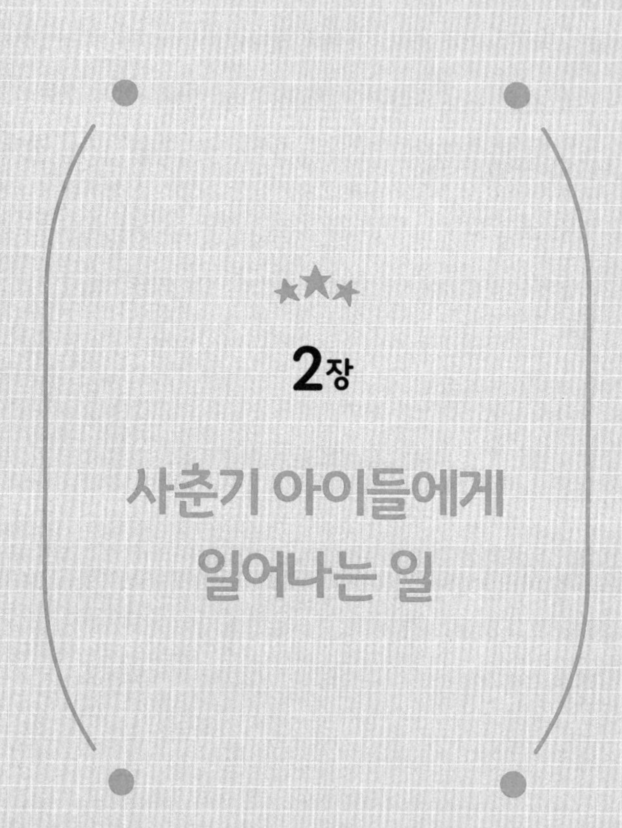

2장

사춘기 아이들에게 일어나는 일

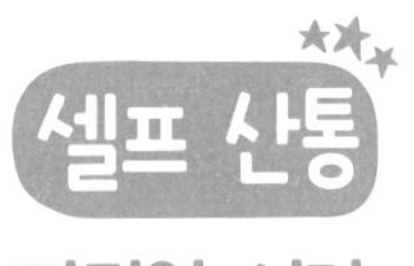

셀프 산통 - 창조적 파괴의 시기

"청소년들의 뇌는 포효하며 일어서고 있습니다."

사춘기가 '제2의 탄생'이라는 인식은 꽤나 익숙합니다. 신체적·정서적 변화가 그만큼 눈에 띄기 때문입니다. 그리고 그 말이 두뇌에 대해서도 성립한다는 것은 많이들 아는 사실입니다. 어느 뇌 과학자는 청소년들의 두뇌 변화를 가리켜 '포효하며 일어서고 있다'고 표현했을 정도니, 정말 급변하는 시기라는 느낌이 드시지요?

기존 속설에 따르면, 배아 때부터 2~3세 정도면 두뇌 발달은 끝납니다. 하지만 20세기 말부터 여러 과학적 근거를 통해, 사춘기의 뇌가 제2의 탄생이라 할 만큼 크게 변한다는 것이 정설로 인정받고 있습니다. 심지어 뇌는 전 생애에 걸쳐 발달할 수 있다는 것도 이제는 정설에 가깝습니다.

이러한 두뇌 변화를 뇌의 '가소성'이라고 부릅니다. 배아 때부터 3세 정도까지의 시기를 부모에게 절대적으로 의존하는 '제1의 탄생' 시기라고 칩시다. 그러면 사춘기는 자신이 주축이 된, 이른바 '셀프 산통'을 통해 태어나는 '제2의 탄생' 시기라고 할 수 있습니다. 물론 아직까지는 부모를 비롯한 주변인들의 도움이 필요하긴 하지만요. 이른바 '창조적인 파괴'를 통해 새로운 경지로 접어드는 시기입니다.

이 시기 뇌는 간단히 말해서
초등학교 시작 전후부터 20대 초반까지
뇌의 양을 엄청 늘렸다가 정리하는 대변혁의 시기입니다.
여기서 뇌의 양적 성장은 뇌세포 수의 차이도 있겠지만,
주로 뇌세포 간의 연결망 밀도와
신호 전달 속도와 효율성을 가리킵니다.

비유하자면 길을 여러 갈래로 뚫었다가, 자주 사용하는 목적지와 길은 넓히고 다지는 것이지요. 그리고 잘 쓰지 않는 길이나 목적지는 없애버리는 방식입니다. 이 과정에서 심한 곳은 가장 많을 때보다 50%까지 제거된다고 하니 '셀프 산통'이라고 할 만하지요?

여기서 사춘기의 핵심이라고 하는 호르몬이 언급되지 않아서 이상하다고 생각하실 수 있는데요. 2차 성징을 주도하는 에스트로겐이나 테스토스테론 같은 성 호르몬도 뇌와 강하게 상호 작용을 하니, 뇌와 호르몬은 사춘기 거대한 변혁의 핵심이라 할 수 있습니다.

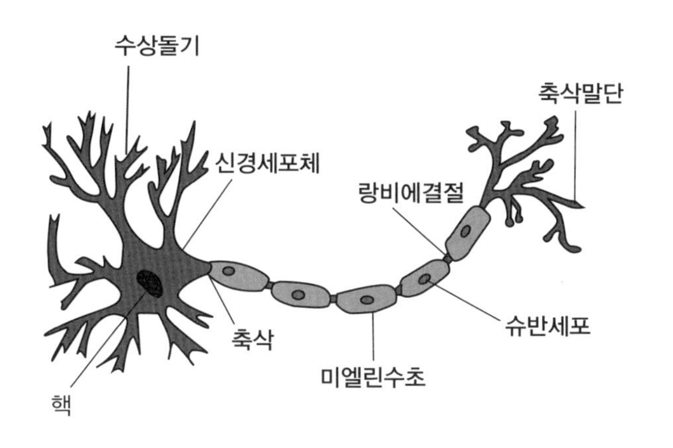

그림 뉴런과 미엘린 수초(Myelin sheath)

두뇌 변화에 대한 이해를 돕기 위해 좀 더 구체적으로 이야기해 보겠습니다. 인간의 지능은 뇌의 자극 전달과 정보 처리를 하는 뉴런(신경 세포)의 개수 차이도 있겠지만, 뉴런 간의 연결 상태와 서로 신호를 주고받는 속도 및 효율성에서 차이를 보입니다.

뉴런은 약 1,000억 개, 뉴런 간에 신호를 주고받는 시냅스는 100조 개 정도 있다고 합니다. 그러니까 뉴런 1개와 1개가 일대일로 연결되는 것이 아니라 여러 개의 뉴런과 연결되어 복잡한 망이 형성되어 있는 것입니다. 다시 말해 명절처럼 대이동이 있을 때 도로망 구조와 양이 중요하듯 정보 연결망의 구조와 밀도가 중요할 테니, 시냅스 밀도가 크게 증가했다가 사용에 따라 정리되는 사춘기는 정말 중요한 시기지요.

뉴런의 신호가 전달되는 길인 축삭(Axon)에 지방질 피복인 미엘린 수초(Myelin sheath)가 입혀지는 것을 '미엘린화'라고 부릅니다. 미엘린화는 뇌의 주요 부위에서 20대 초반까지 진행됩니다. 미엘린화된 뉴런은 신호 전달 속도가 100배나 빨라져 무려 시속 320킬로미터에 이르면서 효율성도 좋아집니다. 아인슈타인의 뇌 가운데 논리와 공간 추론을 담당하는 뇌 부위에서 정상 범위를 뛰어넘는 신경 아교 세포가 있다는 것이 밝혀졌는데, 여기서 '미엘린화'가 꽤나 중요한 역할을 하지 않았나 싶습니다.

사춘기가 얼마나 큰 변화의 시기인지는 수면 방식의 차이에서도 드러납니다. 청소년기에는 깊은 수면의 비율이 성인에 비해 40%나 감소합니다. 평소 활동을 하고 많이 사용한 부위일수록 깊게 잠들면서 해당 부위를 강화하지요. 흔히 감자나 대구 같은 음식을 '버릴 것이 없다'고 하지요?

얼핏 보면 사춘기는 쓸데없는 짓으로
시간을 허비하는 '엄청나게 비효율적인' 시기 같습니다.
그러나 알고 보면
'잠자는 시간도 쪼개 성장하는 시기'입니다.

지금까지 이야기를 종합해 보면, 사춘기는 돌발 상황을 대비해서 충분한 자원을 준비해 두었다가 수많은 도전과 경험을 하면서 자원을 적절하게 배분하고 시스템을 강화하는 시기입니다. 한마디로 (부위별로 시기와 양의 차이는 있지만) 10대 전후부터 20대 초반까지 외부로 드러나는 신체와 더불어 뇌가 하는 일의 양과 속도, 효율이 급변하는 시기지요. 이 시기에 뇌는 언어와 운동, 충동 조절 등 거의 모든 영역에 걸쳐서 변화합니다. 사춘기가 뇌의 대변혁기라면, 이 시기를 잘 보낼 경우 긍정적인 변화를 많이 끌어낼 수 있지 않을까요? 아직은 자만할 때도, 포기할 때도 아닙니다.

이것만은 꼭!

이렇게 커다란 변화가 일어나는 사춘기이기 때문에 희망도 크지만 위험도 큽니다. 게다가 꽤나 긴 기간입니다. 그러니까 장기전으로 치닫는 것이 예정된 세계 대전인 것이지요. 주변인들이 '포효하는 사춘기 전사들'을 대할 때 여유 있는 마음과 장기적인 시각을 지녀야 하는 이유가 여기에 있습니다. 규모와 기간, 그리고 이후의 영향이 거대한 마지막 대변혁의 시기니까요. 사춘기라면 누구나 그렇습니다. '개구리 올챙이 적 시절'을 떠올리고 우리 아이들의 사춘기에 어떤 일이 일어나고 있는지 그 과정과 의미를 알수록 너그러운 마음가짐을 갖는 데 도움이 될 것 같습니다. 우리는 그 세계 대전을 오래 전에 치르고 전두엽이 발달한 성인입니다. 그러니 아이들의 사춘기에 대해 여유를 조금 가져 볼까요?

- 인격체로서의 성장 과정

〈1부〉 1장에서 '인격'에 대해 살펴봤습니다. 사춘기 아이들은 안정적으로 정착된 자아나 가치관을 갖추고 있을까요? '포효하는 사춘기 전사인데, 안정적인 가치관을 형성할 수 있을까?'라는 생각이 드신다면 정답입니다.

'가소성'이라는 말, 기억하시지요? 사춘기 청소년의 뇌는 아직 가소성이 꽤 큰 상태입니다. 이는 엄청나게 변할 수 있고 유연하다는 뜻입니다. 이 시기가 '대변혁기'라는 말은 뒤집어 생각하면 '차츰 경직되어 가는 시기'라고 볼 수 있습니다. 아이들은 언제나 나름대로 최선을 다해서 이성적으로 최선의 판단을 하려고 노력합니다. 중고교는 물론 초등학교 때도 사회의 일반적이면서도 개성적인 가치관을 갖고 표현합니다. 이러한 가치관이 그대로 굳어지고 강화될 수도 있습니다. '가소성'이 크기 때문에 아직 인격체가 아니라는 말은, 가치관이 없거나 비이성적이라는 의미가 아니라 경험에 따라 크게 바뀌거나 더 구체화될 가능성이 크다는 의미입니다.

전두엽을 가리키는 표현 중에 "엄마한테 '아무것도 모르는 할망구'라고 말하기 전에 열까지 세라고 지시하는 부위"라는 말이 있습니다. 그 정도로 전두엽은 이성적 사고를 대표하며 사춘기에 특히 발달하는 부위 중 하나입니다. 이성적 사고와 판단, 계획을 세우는 뇌로 '인간다움'을 형성하는 대표적인 부위입니다.

전두엽과 두정엽은 12세, 측두엽은 16세 무렵 부피가 최대에 이르렀다가 점차 부피가 줄어듭니다. 후두엽은 20세까지도 부피가 늘어납니다. 사회에서 인간다운 모습을 갖추는 데 중요한 역할을 하는 뇌 부위들이 사춘기에, 그리고 다른 시기에 최대로 성장했다가 줄어들면서 안정화됩니다.

부위별로 이렇게 주된 역할을 말하기도 하지만, 뇌는 매우 복잡하게 작동하고 주된 시기가 아니어도 작게나마 가소성이 있습니다. 눈여겨볼 것은 이 부위들이 논리적·이성적 사고나 고차원적 언어와 감성 및 운동 기능 등 '인간'과 다른 종을 구분 짓는 뇌 부위라는 점입니다. 그리고 이 뇌 부위들이 최대 성장기는 조금씩 다르지만 10대 전반에 걸쳐 상호 작용을 하면서 안정적인 인격체 형성에 기여하면서 발달한다는 점입니다.

제가 좋아하는 만화 중에 1990년대 우리나라 농구 붐에 한몫한 〈슬램덩크〉가 있습니다. 이 만화에 등장하는 주요 인물들이 그러한 예시를 잘 보여 줍니다.

싸움꾼으로 말썽만 일으키던 강백호는 사심을 품고 시작한 농구에서 재능을 꽃피우며 새로운 길을 찾습니다. 농구와 대인관계를 통해 공동체와 규칙, 협력의 가치를 배워 가면서 싸움꾼에서 '노력하는 천재'로, 자기애도 충만하지만 가끔 객관화도 할 줄 아는 '인간'으로 변해 갑니다. 등장인물들 중에서 가장 크게 변모해 간다는 점에서 '제2의 탄생'이 어울리는 인물입니다. 만화 끝부분에 나오는 강백호의 대사 "물론! 난 천재니까."는 한낱 망상 속의 자화자찬이 아니라 농구를 매개로 '나'와 세상이 연결되어 있다는 깨달음을 담고 있습니다.

한편 강백호의 라이벌인 서태웅은 최고의 농구인만을 생각하는 외골수지만, 막연하게 '농구를 더 잘하고 싶다'는 감정에서 '국내 최고의 고교 선수'라는 목표가 생기면서 한층 성장합니다. 농구가 좋아서, 지기 싫어서 하던 것에서 구체적인 목표와 의지를 세우고 나서 구체적인 목표와 뜻을 가진 인격체로 화룡점정을 찍은 것입니다. 그 뜻은 모두에게 전해져, 서태웅은 '지기 싫어하고 농구 잘하는 녀석'에서 '에이스'라는 존재로 확연하게 자리매김합니다.

〈슬램덩크〉의 인물 소개를 길게 늘어놓은 이유는 그들의 성장 과정 자체가 사춘기 청소년의 '화룡점정'을 단적으로 보여 주기 때문입니다. 다른 인물들이 기존의 가치관을 확장하고 심화하거나 변화를 겪는 과정 또한 생생하게 묘사됩니다.

각자 다른 과정을 거쳐 다른 형태로 뜻을 세우지만,
그 안에서 이성과 감정이 통합되면서
하나의 인격체로 성장해 가는 것이지요.

특히 강백호에게서 주목할 것은 '생각하는 능력'을 갖추게 된다는 점입니다. 시작부터 끝까지 감정에 휘둘리며 위험한 행동도 하지만, 시간이 지난 뒤에는 단호한 '결의'를 할 정도로 자기 의지로 결정을 내리게 됩니다. 머릿속으로 그리는 자신의 이상적인 모습만이 아니라 팀에서의 역할, 다른 사람의 염원이나 감정, 자기가 지금 할 수 있는 일 등을 조금씩 느끼거나 생각하게 되지요.

사춘기 뇌의 가장 큰 변화 중 하나가 강백호의 경우처럼 전두엽이나 언어 담당 부위의 발달로 이성적 사고나 판단, 고차원적 언어를 구사하는 능력이 발달한다는 것입니다. 다양한 경험을 통해 아이들은 확고했거나 상황에 따라 바뀌던 기존의 가치관을 여러 상황에 안정적으로 적용할 줄 알게 되고, 감정 조절이 조화를 이루면서 한 사람의 인격체가 되어 갑니다.

흔히 사춘기 청소년을 '운전자 없는 자동차'로 묘사하는데, 제 생각은 조금 다릅니다. 많은 데이터를 쌓고 가치관의 폭과 깊이를 더해 가며 최선을 다해 성장하는 아이들은, 시시때때로 바뀔 수는 있어도 운전자가 분명 존재합니다.

> 그러니 사춘기 청소년을 가리키는 표현으로는
> '교통 법규는 대략 입력된 채로
> 학습에 나선 인공 지능 자동차'가
> 더 적합한 것 같습니다.

우회전을 할 때 핸들을 얼마만큼 돌렸다가 언제부터 풀지, 신호등이 노란색으로 바뀌었을 때 브레이크를 밟을지 엑셀을 밟을지 등을 결정하는 것부터 경험하며, 최적화된 자기만의 요령을 만들어 갑니다.

온갖 종류의 타이어와 엔진 등을 싣고 나오기는 했는데, 어떤 목적으로 어디서 달릴지도 정하지 않았습니다. 달리면서 잘 안 쓰는 타이어나 엔진을 버리고, 자동 운전 알고리즘을 바꾸거나 구체화하며, 여러 가지 돌발 상황에 어떻게 대처할지를 알아 가면서 최종적인 형태를 갖출 것입니다.

이 무렵의 경험과 발달이 이후의 인생에 아주 큰 영향을 주는 만큼, 한 사람의 안정적인 인격체로 성장해 가는 과정인 사춘기는 정말 '화룡점정'이라 할 만한 시기입니다.

이것만은 꼭!

전두엽은 가장 늦게 발달하는 뇌 부위 중 하나이면서, 알츠하이머 같은 퇴행성 질병에서 가장 먼저 무너지는 부위이기도 합니다. '인간다움' 이라는 것 자체가 환경에 따라 많은 것을 고려해서 적절하게 행동하는 것을 포함하지요. '인간다움'의 시작과 끝에 관련된 부위가 발달하는 시기가 바로 사춘기입니다. 아이가 어떤 인격을 갖추길 바라시나요? 아이의 '인격' 은 겪는 환경과 경험에 따라 많은 영향을 받습니다. 대입 같은 입시나 취업도 '인격' 의 범위 내에서 생각해야 할 분명한 이유가 여기에 있다고 생각합니다.

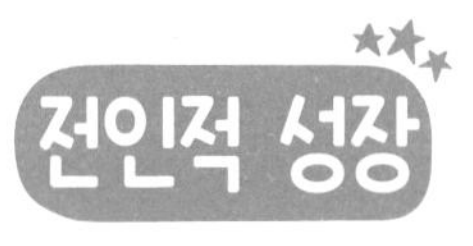

- 전인적 파괴와 성장의 시기

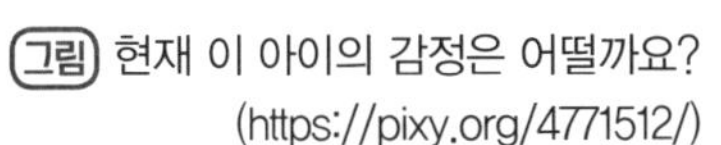

그림 현재 이 아이의 감정은 어떨까요?
(https://pixy.org/4771512/)

혹시 사진 속 아이가 화난 것처럼 보인다면, 자신이 사춘기가 아닌가 의심해 보길 바랍니다. 사람의 감정을 읽을 때 성인은 전두엽이 활성화되지만, 사춘기 청소년은 편도핵(amygdala)이 가장 활발하게 작동합니다. 편도핵은 공격, 분노나 도피 등 본능적인 반응을 담당하는 부위로 알려져 있습니다.

여자 중학교에 근무하던 시절, 피곤하거나 몸이 안 좋아서 나지막한 목소리로 말을 하면 학생들은 제가 화난 줄 아는 경우가 많았습니다. 평소와 달라서 그렇게 느끼나 보다 했는데, '사춘기 청소년은 감정을 읽을 때 편도핵이 활발하게 작동한다'는 사실을 알고 나니 충분히 그럴 수 있겠다 싶었습니다. 학생들은 상대방의 감정을 읽을 때 사용하는 뇌 자체가 저와는 달랐던 겁니다. 실험에 따르면, 사춘기에 접어든 아이들은 얼굴 표정에서 감정을 읽는 능력이 20%까지 둔해집니다. 혹시 자기가 먼저 화내거나 발끈해 놓고서 엄마, 아빠가 화내니까 자기도 화낸 거라고 하면 차분히 설명해 줄 이유가 생기셨나요?

사춘기 청소년은 여러모로 감정이 혼란스러울 수밖에 없습니다. 신경의 신호 전달 부위인 시냅스에는 주변 뉴런을 흥분시키는 '흥분성 시냅스'와 차분하게 만드는 '억제성 시냅스'가 있습니다. 사춘기를 거치는 동안 제거되는 시냅스는 대부분 흥분성 시냅스라고 합니다. 그 비율이 무려 7:1에서 4:1까지 감소한다네요. 사춘기를 거치면서 뇌가 차분해지는 경험, 다들 해 보셨지요? 사춘기 청소년이 왜 흥분 상태일 때가 많은지 이해가 됩니다.

청소년은 감정적으로만 질풍노도의 시기를 보내는 것이 아닙니다. 이성적으로든 감정적으로든 흥분과 모험, 도전 상태를 보이고, 이러한 것이 종합적으로 통합되어 갑니다. 신호 전달 속도와 효율성을 급증시키는 미엘린화는 10대 시절에 대대적으로 진행됩니다. 그중에는 충동과 감정 조절을 담당하는 영역과 새로 들어온 정보를 단기 기억으로 처리하는 영역을 연결하는 것도 포함됩니다. 그러면 입력된 정보에 반응해서 충동이나 감정을 조절하는 능력이 향상되겠지요.

이 밖에도 뇌의 좌우에서 처리한 정보를 서로 연결해서 처리하는 뇌량의 발달, 이성 및 감정 처리를 하는 영역들의 발달 및 통합을 통해, 감정과 이성을 통합하고 하나의 체계 안에서 처리하게 됩니다. 각 영역이 발달하는 것은 물론, 함께 작동할 수 있는 시스템으로 거듭나는 것입니다. 똑같은 말을 해도 이전의 틀과는 형태나 폭, 깊이를 달리하는 말일 것입니다.

그렇습니다. 청소년기는 2차 성징이나 호르몬 변화로 인해 이성에 대한 관심이 커지고 외적 성장, 감정 폭풍을 겪는 시기일 뿐만 아니라 전인적 파괴와 성장을 경험하는 시기입니다.

> 감정 조절은 결국 이성적 사고와
> 연결 지을 때 잘 이루어집니다.

그리고 사춘기는 폭발하는 감정 속에서 그것을 감당할 만한 이성적·논리적 사고 능력을 막 키우기 시작하는 시기입니다. 감정 조절이 가장 중요한 요소 중 하나라는 점을 꼭 기억해 두어야 합니다. 감정이 흔들리면 이성이 마비되고, 이것이 통합되는 시기에 어긋남이 더 커져 버릴 테니까요.

이것만은 꼭!

요즘 '선 넘는다'는 표현을 많이 쓰지요? 이성과 감성의 발달 및 통합은 많은 경험과 실패로 인해 그 선을 찾아가는 과정입니다. 선 넘는 아이들을 보면 '오호, 이 녀석 성장하려고 애쓰는걸?' 하고 생각하는 건 어렵더라도, 선을 찾고 있으니까 넘기도 한다는 걸 알려 줄 필요를 느끼시지요? 지식을 익히거나 논리를 따지는 것만이 정답이 아닐 것입니다. 어쨌든 감정이 먼저니까요. 계획하고 논리적으로 생각하는 뇌가 발달하는 만큼 걱정도 늘어날 수밖에 없다는 점, 꼭 기억해 주시기 바랍니다.

A CHANGE makes a CHANCE!

새롭게 태어나는 시기에 처한 아이들은 위험합니다. 신체적으로 성인과 구분하기 어려워지고, 여러 가지 도구의 사용 능력이나 지식도 크게 늘어납니다. 뇌에서도 무수히 늘어난 시냅스 가지들은 그만큼 선택의 기회를 늘리고 많은 가능성을 기다리고 있습니다. 그리고는 어서 나가 보라며 끌어당기는 듯한 상태에 처해 있습니다.

오늘날 세상의 변화 속도는 빨라지고, 대입이든 취업이든 평상시 자기 관리와 진로 탐색을 깊이 있게 하도록 강조하고 있습니다. 심지어 인공 지능이나 편리를 위해 개발된 여러 장비마저 인간의 경쟁 상대가 되어 버렸습니다. 극히 일부를 제외하고 인간의 육체노동은 사라지거나 크게 줄어들 것으로 전망하고 있습니다.

사춘기의 시작이 빨라진 것에 비해, 사회가 요구하는 변화는 더욱 크게 바뀌었습니다. 쉽고 재미있고 자극적인 기회도 더욱 많아져서 위험성도 더욱 커졌습니다. 아이들과 함께 보낼 수 있는 시간은 전보다 줄어들었거나 비슷한데, 아이들이 저지를 수 있는 위험의 종류와 심각성은 커진 것이지요. 변화와 함께 예전보다 더욱 큰 위험에 처해 있는 것입니다.

그렇다고 가만히 있을 수도 없는 노릇입니다. 이때 아무런 자극도 없이 가만히 있다면 뇌가 가지치기해 버리는 정도도 더욱 커지지 않을까요? 사춘기는 인간을 인간답게 하는 모든 면에서 고차원적 수준으로 이행하는 시기입니다. 그렇기 때문에 자신의 구체적인 삶을 개척하는 데 핵심적인 시기지요.

초등학교 6학년 즈음에 절반 정도가 수학과 같은 추상적인 개념을 이해하게 되고, 의미를 이해하는 왼쪽 언어뇌와 전체적인 느낌을 이해하는 오른쪽 언어뇌를 잇는 신경의 미엘린화가 진행되어 고차원적인 언어를 구사할 줄 알게 됩니다. 외국어에 대한 가소성이 급격하게 떨어지는 시기도 바로 이 시기입니다.

이 외에도 무수히 많은 변화는 결국 '일반화'와 '자동화'를 통해서 자기 정체성을 세워 가는 것입니다. 그리고 그 과정에서 '전문성'을 쌓게 되는 것이지요. 많이 하다 보면 뇌가 더 쉽고 빠르게 처리하면서 더욱 어려운 관련 과제를 수행할 수 있지요. 대신 이외에 다른 새로운 것을 익히는 능력은 떨어지게 됩니다. 결국 전문성을 확보하는 대신 유연함을 포기하는 것이지요. 물론 의지를 갖는다면 새로운 것을 익혀 갈 수는 있지만, 습득 능력이 상대적으로 떨어지게 됩니다. 그러니 하나라도 잘 익혀야 하는 시기라는 생각이 드시지요?

그렇지만 모든 일을 다 잘할 수는 없습니다. 사람에게는 한계가 있으니까요. 오히려 이것저것 맥락 없이 작은 자극들만 주어진다면 이도저도 아닌 상태가 되어 버릴 것입니다.

지금 아니면 습득 능력이 떨어진다는 사실에 너무 초조해할 필요는 없습니다. 우리 뇌는 계속해서 새로운 것을 습득해 갈 수 있으니까요. '잘하는 것'이 있어야 '못하는 것'도 생기고, '잘하게 할 것'도 생깁니다. 자기 계발은 용량이 아니라 효율과 배분의 문제입니다.

"주변이나 세상에서 일어나는 수많은 일마다 고개를 들이밀면 결국에는 공허해질 뿐이다. 역으로, 자신의 공허함을 채우기 위해 닥치는 대로 수많은 일에 간섭하는 사람도 있다. 호기심은 자신의 능력을 꽃피우는 데 중요한 역할을 하지만, 우리의 인생은 세상의 모든 일들을 보고 들을 수 있을 만큼 오래도록 이어지지 않는다. 젊은 시절, 자신이 관계할 방향을 확실히 파악하고 그것에 전념하면 훨씬 현명하고 충실한 자신의 인생을 살아갈 수 있다."

— 「방랑자와 그 그림자」, 『니체의 말』 (삼호미디어, 2010)

철학적인 관점을 담은 니체의 말은 과학적으로도 맞는 말입니다. 사춘기를 '인생을 설계할 기본 자산을 생성하는 시기'로 인식하고 다양한 탐색과 더불어 깊이를 추구해야 하겠습니다.

"되도록 많은 것에 도전하고 많은 경험을 쌓는 건 좋겠지만, 3년 동안 학생회 간부를 지내고 교지 편집장에다 축구부와 펜싱과 수영팀의 주장을 맡았고, 오보에를 연주해 대회에 나가 상까지 탔으며, 희곡도 쓰고, 소규모 컴퓨터 그래픽 회사를 창업해서 CEO까지 겸임하고 있다는 입학 원서를 받았을 때 대학의 관계자들은 지금 완전히 지쳐 탈진한 한 인간이 거기 있다는 걸 과연 알고 있을까?"

— 바버라 스트로치, 『십 대들의 뇌에서는 무슨 일이 벌어지고 있나』 (해나무, 2004)

단, 지나친 무리는 금물입니다. 스트로치의 말처럼, 입시 제도는 청소년들에게 과도한 것을 요구하는 경향이 있습니다.

이것만은 꼭!

뇌의 입장에서 보면, 사춘기는 부풀려진 뇌를 잘 다듬고 깎아 내면서 보강하는 시기입니다. 그렇다면 사춘기에는 '즐겁고 열정을 쏟을 만한 것들을 찾아 행동하면서 G를 세심하게 정성들여 다듬어서 C로 바꾸는 일'을 해야 하지 않을까요? 사춘기는 무언가를 덧대는 건축의 시기가 아니라 원재료를 잘 깎아 내서 하나의 작품으로 완성하는 조각의 시기일 것입니다. 너무 덕지덕지 붙여서 프랑켄슈타인처럼 아픈 인간을 만들어 내지 말고, 잘 다듬어서 다양하고 유연함을 가진 전문적 인간이 되어 가는 시기로 생각하는 편이 바람직할 것 같습니다.

3장

사춘기,
파괴적 창조를 위한 조언

창조적 파괴의 시기인 사춘기를
최대한 안정적이면서도 효과적으로 보내기 위해서는
부모님의 용기가 절대적으로 필요합니다.

변화와 위기를 기회로 삼아야 한다고 말씀드렸지만, 사춘기는 언제나 위기의 순간입니다. 이 창조적 파괴가 '파괴적 창조'로 마무리되기 위해서는 주변인, 특히 가정환경이 중요합니다.

거듭 강조하지만, 사춘기에는 아기 때와 마찬가지로 일단 양을 늘려 놓고 가지치기하는 방식을 택하게 됩니다. 그렇기 때문에 이때 크게 발달하는 전두엽을 포함한 뇌의 주요 부위가 효율성이 상당히 떨어지는 시기지요. 어떤 길이 필요한지 알고 있다면 이런 방식을 택할 필요가 없겠지만, 안타깝게도 우리는 그렇지 않습니다.

인간은 자연 환경뿐만 아니라 사회나 계층 등 다양한 환경에 속하게 됩니다. 특히 사회의 구성원으로 본격적으로 활동하는 것은 성인에 즈음해서인데, 그것을 학습하는 시기가 바로 사춘기지요.

섬세하고 복잡한 운동 및 조작 능력이 필요하고, 나의 감정에 따라 어떻게 반응하는 것이 적절한 선으로 받아들여질지, 나의 행동으로 인해 어떤 상황이 될 것인지, 타인의 표정이나 행동이 의미하는 것이 무엇인지, 사회를 이루고 있는 공통의 가치관이나 복잡한 사회 현상에 대해 어떤 입장을 취할 것인지, 내가 접할 수 있는 것들에 대한 배분을 어떻게 할 것인지, 앞으로의 일은 어떻게 계획하고 실천할지 등, 다른 종에 비해 복잡하고 다양한 판단이 필요합니다. 어쩔 수 없는 일이니 감수해야지요. 합리적이라는 건 위험을 모두 회피하는 것이 아니라 감당해야 할 위험을 감수하고 가장 최적의 선택을 하는 것이니까요.

인간은 다양한 배경이나 맥락 속에서 경험이 쌓여야 이를 안정적으로 이해하고 적용할 수 있습니다. 여러 상황을 겪고 이를 활용하는 과정에서 간단하게 기술된 원리를 폭넓게 이해하고 적용할 수 있게 됩니다. 수학 연산처럼 논리적인 내용도 여러 장소와 상황에서 적용하면서 일반성을 띠는 의미 있는 기억으로 넘어가고, 그것이 자동화되면서 복잡한 일들을 할 수 있게 되는 것이지요.

다양한 배경과 맥락에는 내용만이 아니라 장소, 방향, 상황 등이 포함됩니다. 교실에서 개념을 제시받고 의미를 말하는 것만 학습한 경우를 생각해 보겠습니다. 이런 경우 '교실'에서 '개념의 의미를 말하는 것'을 학습하게 되어 집에서는 잘 생각나지 않거나 의미를 듣고 개념을 떠올리는 것이 어렵습니다. 게다가 한 번의 학습조차 한 번만으로는 부족하고 여러 번, 여러 상황에 대한 경험이 필요하니, 언뜻 보기에 비효율적으로 생각되더라도 다양한 맥락이나 상황 속에서 여러 번에 걸쳐 익히고 적용하고 변형해 보는 것은 꼭 필요한 과정입니다.

이 경험들에서는 본인이 스스로 탐색하고 선택하며 판단하는 기회가 반드시 필요합니다. 그렇게 같은 것을 여러 번씩, 여러 상황에서 스스로 경험해야 비로소 내 것이 되고, 나의 능력이 됩니다.

사춘기에는 미리 정한 목표뿐만 아니라
다양한 영역을 탐험하고 스스로 행동하고 생각하면서
목표로 세운 영역을 점차 깊게 탐색하는 것이
학습 효과가 가장 좋습니다.

부모님들은 이럴 때 무엇을 할 수 있을까요? 해야 할 게 너무나 많다는 사실을 알고 계시니까 조급하고 마음도 아프시겠지만, 어쩔 수 없는 시간임을 받아들이고 자녀에게 실패할 기회와 용기를 주셔야 합니다.

"사춘기는 실패할수록 성공하는 시기이다."

사춘기에는 실패를 경험할수록 신경망이 강화되고 미엘린화가 활발하게 일어나서 감정과 이성의 힘이 길러집니다. 아이들은 잠들어 있는 동안에도 성인보다 열심히 실패하고 도전합니다. 실패하지 않도록 도와주실 게 아니라 도전과 경험을 통해 성장하도록 도와주셔야 합니다. 잠시 생각해 보세요. 성인인 나는 지금 최선의 선택만을 하고 있나요? 그러니 청소년들이 최선의 선택만을 하기란 불가능합니다.

실패에 대한 관점을 바꿀 필요는 있지만, 당연히 긍정적인 경험이 중요합니다. 그래서 부모가 자녀에게 해 줄 수 있는 최선 중 하나는 덜 발달한 아이의 전두엽 역할을 일부 맡아서 큰 틀을 제시하고 선택의 기회를 주는 것입니다. 집에 책이 많은 것만으로도 아이의 학습 능력이 향상된다는 믿기 어려운 연구 결과도 있습니다. 공부에 도움이 될 만한 것들을 주변에 자연스럽게 배치하는 노력이 긍정적인 면을 지니고 있다는 것은 분명합니다.

기억해 주세요. 부모의 역할은 긍정적 경험을 쉽게 할 수 있는 환경을 조성하거나, 극단적이고 회복이 불가능한 선에 대해서 확실하고도 명확하게 인지하도록 돕는 것입니다.

사실 부모가 자녀에게 해 줄 수 있는 일 중에서
'가장 바람직하고도 어려운 일'은
부모가 행복하고 긍정적으로 사는 모습을
보여 주는 것입니다.

뭔가 대단한 것을 보여 주려고 노력하지 마세요. 부모가 최선을 다하면서 행복하게 살면 아이도 그렇게 살 가능성이 높아집니다. 부모와 같은 직업, 같은 지적 능력을 갖는다고 보장하지는 못해도, 인품과 마음가짐을 자연스럽게 내면화하고 자신의 특성에 맞게 스스로 길을 개척해 나갈 것입니다. 물론 '수신제가치국평천하(修身齊家治國平天下)'라는 말에서 보듯, 자신의 수양은 가장 기본적인 것이면서도 가장 어렵습니다.

또 하나 정말 중요한 것은 바로 '잠'입니다. 청소년은 수면 방식마저 성인과 다르다고 말한 바 있지요. 수면 중 뇌의 작동 방식뿐만 아니라 수면 시간대와 총 수면 시간도 다릅니다. 청소년기에는 대체로 더 늦게 잠자리에 들고 더 많이 자도록 몸이 작동합니다. 더 많은 경험을 하고, 자면서 여러 정보를 조합하기 위해서 더 늦게 자고 더 오래 자려고 하는 걸까요? 숙면의 비율이 줄어들어서 더 오래 잘 필요가 있는 걸까요? 아니면 신체가 성숙해야 하기 때문에 더 오래 자는 걸까요? 사춘기 호르몬이 증가하면 수면 호르몬인 멜라토닌 수치가 감소한다는 연구 결과도 있으니 그럴듯하기도 합니다. 정확한 이유는 몰라도 '더 많이, 더 늦게' 자는 것은 자연스러운 일입니다. 그러니 더 늦게 일어나는 게 신체 작동 시스템으로는 당연해 보입니다.

그런데 초등학생보다는 중학생, 중학생보다는 고등학생의 등교 시간이 더 빠릅니다. 10대 후반으로 갈수록 더 일찍 일어나야 하다니, 신체 작동 시스템과는 맞지 않네요. 영상을 보거나 게임을 하든, 교과 공부를 하든, 어쨌든 늦게 잠을 청하게 되는 건 자연스러운 일입니다.

일단 자녀가 늦게 자고 늦게 일어나는 점에 대해 너그럽게 대해 주실 필요가 있습니다. 그리고 늦게 자는 이유를 캐묻기보다는 수면 시간 확보가 왜 필요한지 이야기해 보시는 편이 좋습니다. 아이에게는 공부도, 친구와의 소통도 모두 중요합니다. 그런데 늦게 자는 이유에 따라 부모의 태도가 달라진다면, 자녀로서는 감정이 폭발할 수밖에 없는 상황이 벌어지겠지요. 또는 전자 기기 등 수면의 질을 방해할 수 있는 활동은 사용 시간의 상한선을 정하고, 잠들기 전에 30분 정도 가족과 이야기를 나누거나 차분한 음악과 함께 책을 읽는 등, 긍정적인 성격의 활동을 하는 것도 좋습니다.

정리하면 사춘기 청소년은
'더 늦게, 더 오래' 자야 하다 보니 더 늦게 일어나는 것은
자연스러운 현상입니다.

수면 시간 확보라는 측면에서 적정선을 합의하여 부정적 요소를 줄이거나, 수면에 도움이 되는 요소를 늘리는 방식을 생각해 보면 좋겠습니다. 그리고 무엇보다 중요한 것은 아이와의 긍정적인 관계 형성과 감정 조절이라는 것을 명심하세요.

이것만은 꼭!

자녀가 늦게 자고 늦게 일어나는 것을 너그럽게 받아들이며, 실패할 수 있는 기회를 주고, 부모 스스로 최선을 다하면서 행복하게 사는 모습을 보여 주려면, 부모의 용기와 실천이 필요합니다. 기대치를 낮추고 기회를 제공하는 선에서 더 이상 간섭하지 않는 것.

바람직한 부모가 되는 일도 일종의 학습입니다. 계속 되새기고 다양한 맥락에서 학습할수록 잘하게 되어 있습니다. 계속 떠올리면서 적용과 실패를 거듭하고, 자녀의 상태에 대해서도 자주 함께 이야기해 보세요. 부모도, 자녀도, 그리고 교사도 실패할 용기와 기회를 통해 성장할 필요가 있습니다. 아는 것이 힘입니다. 너무 걱정 마세요. 여러 번 말씀드렸듯이 청소년기는 '가소성'이 매우 큰 시기라서 아이들은 새로운 것을 성인보다 더 빨리 익히니까요.

사춘기 청소년의 습관

지금까지 사춘기 청소년의 뇌와 신체적·정서적 상태, 부모의 역할에 대해 설명을 드렸습니다. 이제부터는 어떻게 하면 부모의 역할을 좀 더 쉽게 할 수 있는지에 대해 이야기해 보겠습니다.

두뇌와 신체는 많이 사용할수록 발달하기 마련입니다.

이 과정에서 습득한 것은 뇌에서 '자동화'되기 때문에 이전보다 적은 노력을 들여도 더 정확하고 빠르게 해낼 수 있습니다. 그 결과물이 바로 '습관'이지요. 구구단 문제의 정답을 쓰면서 친구와 대화를 나눈다거나, 요리사가 대화하면서 칼로 재료를 써는 경우처럼, 습관이 되어 몸에 배면 비교적 간단한 작업은 멀티태스킹이 가능합니다.

자동화된 과제에 대한 재미있는 실험을 통해 자동화와 습관의 힘을 알아볼까요?

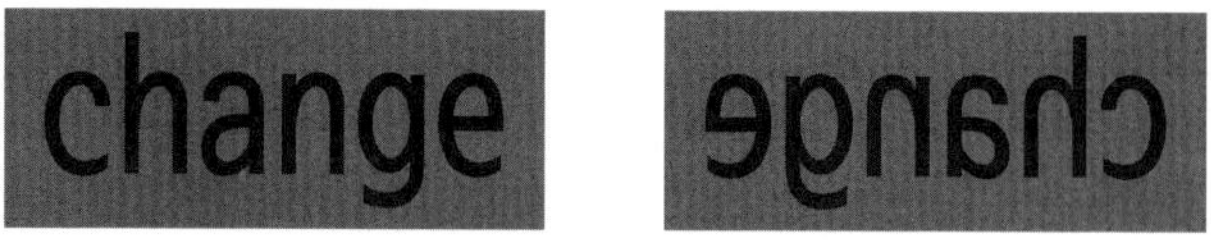

실험 1 거울 반전이 된 글자

[실험 1]은 평범한 글자와 거울 반전이 된 글자를 무작위로 제공하면서 제시된 단어의 '생물/무생물' 여부를 판단하는 것입니다. 이때 '평범한 글자 → 평범한 글자', '거울 반전 → 평범한 글자', '거울 반전 → 거울 반전', '평범한 글자 → 거울 반전'일 때의 반응 시간과 정확도 및 뇌의 활성화 정도를 측정했습니다.

결과는 어땠을까요? 이전 단어가 평범한 글자인지, 거울 반전이 된 글자인지는 중요하지 않았습니다. 이어지는 단어가 평범한 글자일 때는 거울 반전이 된 글자일 때보다 2배 가까이 반응 시간이 빨랐으며 정확도도 높았습니다. 그리고 '평범한 글자 → 거울 반전'일 때가 '거울 반전 → 평범한 글자'일 경우보다 뇌가 더 많이 활성화됩니다. 익숙하지 않은 작업으로 전환될 때 뇌가 더 많은 일을 해야 하니 힘들겠지요? 익숙하지 않은 작업을 하는 것도 어렵지만 익숙하지 않은 작업으로 바꿀 때도 어렵습니다.

이처럼 단순한 일에서조차 반응 속도와 정확도, 뇌의 활성화 정도가 뚜렷한 차이를 보인다니, 자동화의 위력이 느껴지시죠?

이때 조건이 다르면 활성화되는
뇌 부위도 다르게 나타납니다.
그렇기 때문에 다양한 방식과 경험을 해야 한다는
시사점도 얻을 수 있지요.

실험 2 거꾸로 자전거 타기(https://youtu.be/XWcuv5Z1i3A)

[실험 2]는 조금 더 복잡한 과정이면서 극적인 실험입니다. 핸들과 바퀴 조작이 여느 자전거와 반대인 '거꾸로 자전거'를 타는 실험입니다. 영상의 주인공은 이 자전거를 타는 데 8개월이 걸립니다. 반면에 여섯 살 난 그의 아들은 단 2주 만에 탔습니다. 성인과 아동의 '신경 가소성' 차이가 얼마나 큰지 느껴지시죠? 이를 보면 사춘기에 적절한 경험이 매우 중요하다는 것을 알 수 있습니다. 그러니 도전에 대해서 조금은 안심하셔도 되지 않을까 싶습니다.

이 실험의 끝부분에서는 자동화와 습관의 위력이 더욱 극적으로 드러납니다. 거꾸로 자전거를 탈 수 있게 된 주인공은 평범한 자전거를 타고자 시도하지만 실패합니다. 그런데 다시 평범한 자전거를 타게 되기까지 얼마나 걸렸을까요?

정답은 단 20분! 평범한 자전거를 못 타는 것도 신기한 일이지만, 단 20분 만에 예전 습관을 되살릴 수 있었습니다. 다양한 경험이 뇌에 주는 자극과 기본적인 뇌의 작동 습관, 성인과 아동의 신경 가소성 차이가 어떤 의미를 지니는지 아시겠지요? 8개월 vs. 2주 vs. 20분입니다.

흔들리기 쉬운 사춘기를 잘 이겨내고 성장하려면, 그전부터 좋은 습관을 들이다가 이 시기에 좋은 습관을 새롭게 익힐 필요가 있습니다. 어떻게 하면 좋을지 이야기해 볼까요?

상황 재배열	나를 중심으로 늘 똑같은 환경을 조성하라.
적절한 마찰력 배치	좋은 습관의 마찰력은 줄이고, 나쁜 습관의 마찰력은 높여라.
신호 포착	습관을 자동으로 유발하는 자신만의 신호를 찾아라.
보상 내재화	습관 그 자체가 보상이 되도록 설계하라.
자동화된 반복	마법이 시작될 때까지 이 모든 것을 반복하라.

표 『해빗』에 나오는 습관 설계 법칙 5가지

웬디 우드는 『해빗』(다산북스, 2019)에서 과학적 근거를 토대로 습관을 설계하는 법칙 5가지를 제시합니다.

표의 내용을 간단하게 요약하면,
목표는 작게 설정하고, 성공하기 쉬운 환경을 만들어 놓으며,
자동으로 될 때까지 반복하는 것입니다

이 5가지 이외에 '작은 것부터 시작해야 한다'는 점도 중요합니다. 인내와 끈기가 많이 필요한 일은 우리에게 큰 스트레스를 주고, 결국 인내심이 바닥나면 포기하게 되니까요. 타고난 노력파라면 습관을 만드는 게 수월하겠지만, 대부분의 사람에게는 어려운 일이지요.

이것만은 꼭!

사춘기는 분명 동료와 상호 작용을 하고 독립성을 기르는 데 중요한 시기입니다. 하지만 이 모두가 부모나 가족 간의 유대감을 바탕으로 할 때 가능합니다. 인간과 가장 유사한 종인 붉은털원숭이의 경우, 당연하게도 어미의 보살핌과 친구와의 놀이 및 상호 작용 중 어느 하나가 부족해도 정서 불안이나 반복 행동같은 이상 행동을 보이거나 죽는다는 연구 결과가 있습니다.

이와 마찬가지로 인간도 가족 간의 유대감이라는 기반이 있어야 바람직한 성장과 통합이 가능합니다. 아이의 성장에 대해 많은 부분을 동료와의 상호 작용에 넘겨주는 시기지만, 이것을 가능하게 하는 가장 큰 힘은 가족 관계에서 나옵니다.

이와 더불어 부담이 적도록 작은 것부터 습관을 들이는 원칙을 고려할 때, 장기적인 시각이 필요하다는 것을 알 수 있습니다. 전체적인 방향성이나 큰 틀을 생각하고, 작은 목표들을 연관 지어 계획하고 하나씩 이루어 가면서 수정하고 보완하기를 권합니다. 자녀가 이러한 방식을 자연스럽게 접할 기회를 주시길 바랍니다.

첫 번째 결정적 시기들을 놓친 우리 아이가 사춘기에 얼마나 성장할 수 있을까? 기본 토대가 부족하니 성장 폭이 작지는 않을까?

이런 걱정을 하시는 분들에게 안데르스 에릭슨 교수는 희망적인 메시지를 줍니다. 모두가 '잘' 노력하면 전문가나 대가가 될 수 있다는 것입니다. 그는 『1만 시간의 재발견』이라는 저서에서 그 사례와 방법들까지 상세하게 설명하고 있습니다. 익히는 데 결정적 시기가 따로 있다는 '절대음감' 같은 능력을 성인기에 '잘' 훈련하여 갖춘 사례도 소개합니다.

에릭슨 교수는 전문가가 되기란 쉽지 않고
빨리 이룰 수도 없지만,
분명히 가능한 일이라고 강조합니다.
그는 그 방법을 '의식적인 연습'이라고
명명하지요.

원칙	내용
전문적 방법	– 전문적인 체계와 방법이 있는 영역일수록 좋음.
구체적 목표	– 명확하고 구체적인 목표가 있어야 함. – 동기 부여 및 달성 여부 점검 기준과 피드백 기준 제시. – 큰 목표가 있더라도 작은 목표를 세우고 단계별로 작은 목표에 집중함.
숙고와 실천	– 목표나 의미 등 연습과 관련하여 '무엇을', '어떻게', '왜'하고 있는가와 같은 것들에 온전히 집중하여 의식적으로 행동하며 통제하려고 노력함.
심적 표상	– 구체적인 과정이나 목표의 장면이나 진술 등의 심적 표상을 세움. – 구체적일수록 좋으며 언어, 이미지, 감각 등 여러 형태가 있음.
근접 발달 영역 (ZPD)	– 습관이나 자동화된 것처럼 낮은 수준의 스트레스를 일으키는 영역인 '컴포트 존'을 약간 넘어선 수행을 함. – 습관 설계의 법칙, 몰입을 위한 조건 등과도 연관되는 영역 – 주변의 도움을 받아 도달할 수 있는 영역으로 현재 수준보다 약간 높은 수준을 뜻하는 교육학 용어인 ZPD(Zone of the proximal development)로 표현 – 한마디로 적당히 불편하고 높은 수준이 필요
집중적 개선	– 기존에 습득한 기술의 특정 부분을 집중적으로 수정하고 개선함.
피드백	– 무엇이든, 언제든 피드백(수행에 대한 생각과 조언)과 수정 · 보완을 함. – 숙련된 전문가일수록, 즉각적일수록 좋음. – 타인이든 자기 자신이든 자신의 사고에 대한 생각인 '메타 인지'를 가능하게 하는 중요한 요소

(표) 『1만 시간의 재발견』에 나오는 '의식적인 연습'의 7가지 원칙(재구성)

이를 간략하게 말하면 지금보다 약간 높은 수준의 구체적인 목표를 설정하고 최대한 자세한 심적 표상을 그리면서 집중적으로 실천하고 수정·보완을 합니다. 반드시 누구에게든, 어떤 방법으로든 끊임없이 점검하고 성찰합니다. 이 '의식적인 연습'은 뇌의 작동 방식이나 습관 설계의 법칙과도 통하는 데가 있습니다. 에릭슨 교수는 이 원칙들을 소개하면서, 전문가가 되는 데에는 최소 몇천 시간 이상이 필요하다고 말합니다. 그리고 이 원칙들은 시작부터 자기 자신에 대한 사고나 신중한 생각들을 필요로 합니다. 전문가의 필요성을 강조한 만큼, 이 원칙들을 실천하려면 주변의 전문가나 부모의 도움이 필요하지요.

이 〈1부〉 3장의 내용들은 부모에게 초점을 두고 있는 장입니다. 참고하셔서 '앞으로 무엇을 어떻게 할지' 자신의 생각을 정리해 보시기를 바랍니다.

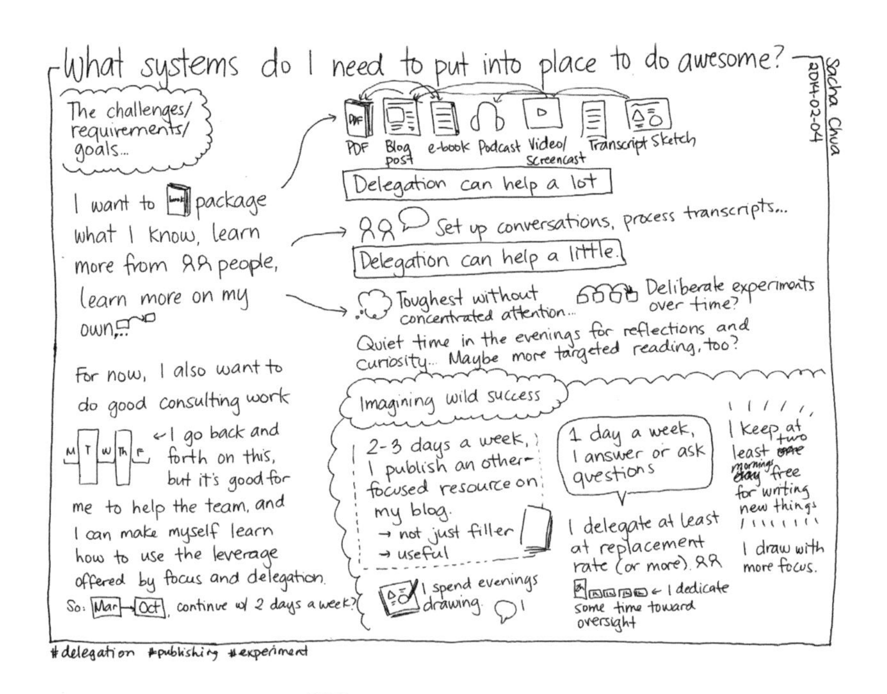

그림 의식적인 연습에 대한 메모
(https://www.flickr.com/photos/sachac/12330366975)

이 그림은 누군가가 '의식적 연습'에 대해 메모한 내용입니다. 작은 목표, 기존의 방법, 피드백 등은 『1만 시간의 재발견』에 나오는 '의식적 연습'과 일맥상통합니다. 이는 사춘기 청소년이 여러 경험을 나름대로 재구성하여 정리하는 것과 닮아 있지요. 이런 게 바로 의식적인 연습이자 전문성을 쌓아 가는 방법이 아닐까 싶습니다.

아무쪼록 자녀가
'왜', '무엇을', '어떻게' 하는지
스스로 생각하도록 이끌어 주세요.

이것만은 꼭!

전문성을 쌓는 것은 매우 어려운 과정입니다. 지금 당장이라도 시작하도록 도와주세요. 단, 너무 급하면 안 됩니다. 오랜 시간과 노력이 필요한 만큼 충분한 시간과 정성을 들여야 합니다. 의식적인 연습이 어렵다면 습관 설계 법칙에 근거해서 의식적인 연습을 차차 이루기 위한 습관을 만들어 보는 건 어떨까요? 아이들의 성장처럼 부모로서의 전문성을 위한 '의식적 연습'과 '습관' 들이기, 지금 바로 시작해 보시기를 권해 드립니다.

4장

우리 아이
사춘기 실제 사례

사춘기는 고입과 대입의 결정적 변수

중고생 자녀를 둔 부모들 사이에서 자녀의 사춘기는 입시나 진학만큼이나 끊임없이 이야기되는 중심 화제입니다. 자녀가 아직 사춘기를 겪지 않은 분들은 사춘기가 심하게 올까 봐 걱정이고, 사춘기 자녀와 한창 갈등을 겪고 계신 분들은 사춘기가 오래갈까 봐 불안해하지요. 중1때쯤 자녀가 사춘기를 겪고는 한동안 잠잠하다가 고교 진학 후 '진짜 사춘기'가 와서 더욱 힘들었다는 경우도 있습니다.

저의 경우도 별반 다르지 않았습니다. 중2 때 아이의 사춘기가 시작된 이후 집안이 하루도 조용할 날이 없을 정도로 충돌을 빚었습니다. 모범생이던 아들이 학원을 몰래 빼먹으면서 친구들과 PC방에 앉아 있는 날들이 계속되었지요. 아이에게 품었던 기대와 자부심이 무참히 무너지면서 저는 배신감과 좌절감을 느꼈습니다. 어떻게든 예전의 성실했던 모습으로 되돌려놓으려고 아이를 야단치고 훈계하면서 갈등의 골이 더욱 깊어졌어요.

아이는 부모에게 반항하고 학업에 소홀해지면서 성적이 차츰 떨어졌고,

결국 자신이 목표로 했던 고등학교에 진학하지 못했습니다. 더욱 가슴 아팠던 것은 사춘기가 길게 이어지면서, 매순간이 중요한 고등학교 때조차도 고교 내신 관리를 잘하지 못했다는 점입니다.

사춘기로 인해 성적이 떨어지고, 고입과 대입에서 큰 지장을 받는 것을 보고서 사춘기야말로 고입과 대입의 결정적인 변수라는 생각이 들었습니다. 비단 제 아이뿐 아니라 학업과 입시에서 사춘기가 변수로 작용하는 사례들을 주변에서도 많이 보았습니다. 그래서 사춘기에 대한 올바른 이해를 바탕으로 자녀와 갈등을 줄이고 자녀가 사춘기를 무난하게 지나가도록 하는 것이 학업과 입시를 위해 꼭 필요하다는 결론을 자연스럽게 얻었지요.

그런데 모든 아이가 사춘기를 심하게 치르지는 않습니다. 사춘기의 양상과 지속 기간에는 개인차가 있다는 말이지요.

부모가 너그럽고 수용적이어서
자녀의 행동에 큰 제약을 가하지 않고
자유롭게 행동하도록 허용한 경우,
사춘기를 무난하게 보낼 가능성이 높습니다.

허용되는 행동의 범위가 넓다 보니 자녀는 부모에게 불만이 적었고, 그 결과 크게 반항하지 않고 순탄하게 넘어갈 수 있는 것이지요.

많은 부모가 자녀의 사춘기를 두렵고 당황스러운 사건과 연결 짓곤 합니다. 그런데 부모를 이토록 힘들게 하는 사춘기가 아예 없다면 어떨까요? 언뜻 생각해 보면 좋을 것 같지만, 좀 더 신중하게 판단해야 합니다. 흔히 사춘기를 반항기라고 부르는데, 반항을 한다는 것은 비판적 사고가 생겼다는 뜻이기도 합니다. 결국 사춘기는 아이가 자라면서 자아에 눈을 뜨고 자기주장이 생겨서 그전까지 당연하게 받아들이던 부모의 양육 태도, 교사의 교육 방식을 비판적 관점으로 바라보는 시기입니다.

또한 사춘기는 정신적 독립을 준비하고 성인기로 성장하기 일보 직전의 과도기적 시기이기도 하므로 자녀의 성장에서 상당히 큰 의미를 지니는 시기입니다. 따라서 그냥 건너뛰기를 바라기보다는 무난하게 잘 지나가도록 서로 노력하는 편이 바람직합니다.

그렇다면 성장 과정의 통과의례인 사춘기에 부모는 왜 자녀와 갈등을 겪게 될까요? 물론 180도로 돌변한 자녀의 행동이나 반항적인 태도도 그 원인입니다.

> 그러나 제 경험상 부모가 사춘기 자녀와
> 갈등을 빚는 보다 근본적인 원인은
> 부모가 자신의 감정에만 빠져 있어서
> 자녀의 속마음과 입장을
> 헤아려 주지 못했기 때문입니다.

아이의 입장에서도 생각해 보셔야 합니다. 요즘 청소년은 공부나 교우 관계, 엄격한 부모나 교사로부터 각종 스트레스를 받고 있습니다. 그러다 보니 부모의 지나친 기대나 높은 기준에 맞추기가 힘들어서 반항하는 경우도 많습니다. 부모 입장에서는 대책 없이 공부를 등한시하며 밖으로만 도는 자녀가 야속하게만 느껴져서 훈계하고 야단을 치지요.

그런데 아이 입장에서 보면, 공부는 하기 싫은데 학원에 빠지면 야단을 맞으니까 안 갈 수도 없어서 정말 힘들었을 겁니다. 집에 오면 따분한 숙제와 공부, 부모의 잔소리에 짜증이 나는 반면, 밖에서 친구들과 어울려 노는 것은 즐거웠을 거예요. 공부를 강요하는 집안 분위기, 공부 잘하는 아이가 우대받는 학교 분위기에서 아이들은 큰 스트레스와 반감을 느낄 수밖에 없습니다.

아들이 사춘기 때 저에게 거짓말을 한 적이 있습니다. 아이의 말이 거짓임을 알게 되자, 제 감정에만 빠져 있었던 저는 아들이 괘씸해서 화를 내기 바빴습니다. 그런데 한참 후, 속사정을 알고 보니 아이가 이해되는 순간이 오더군요. 아이로서는 솔직한 말을 꺼내면 부모의 심기를 건드리게 되고 그러면 훈계나 잔소리를 들을 게 뻔하니까 잔소리 듣는 게 귀찮아서 대충 거짓말로 둘러 댔던 것이지요.

우리도 직장 상사나 집안 어른들의 훈계를 듣기 싫어서 어떻게든 그 자리를 피하려고 하잖아요. 한창 말 못할 고민이 많고 몸도 마음도 모두 민감한 자녀에게 부모 기준에 안 맞는 행동을 한다는 이유로 계속 야단치고 잔소리를 하는 건 가혹한 처사입니다.

부모 마음에 안 드는 행동을 하는 자녀에게 화내기 전에,
그렇게 행동하게 된 속사정이나 이유부터 알아보고
자녀 입장이 되어 생각해 주는 태도가 필요합니다.

사춘기 자녀와 평화롭게 지내기

살갑게 굴던 자녀가 어느 날 갑자기 자신을 남처럼 냉랭하게 대하고, 가족 여행은커녕 가까운 데 외식하러 가자고 해도 싫어한다면 부모 마음은 어떨까요? 서운하다고 할까요, 당황스럽다고 할까요? 아마 말로 표현할 수 없을 정도로 복잡할 겁니다.

사춘기 자녀가 우울하거나 화난 표정을 하고 말없이 자기 방에 들어가서 안 나오면, 부모는 학교에서 선생님에게 야단맞았는지, 친구랑 싸운 건 아닌지 별의별 상상을 하며 걱정합니다. 이유를 물어보지만 아이는 "몰라." 하고는 입을 굳게 닫아 버립니다. 방에 틀어박혀 있는 아이도 힘들겠지만, 문 밖에 서 있는 부모도 마음이 무너질 듯 무겁습니다.

아이의 사춘기 때 우리 집 풍경이 딱 이랬습니다. 자녀와 소통하는 부모이고 싶었는데, 아이는 마음의 문을 굳게 닫고 대화를 하지 않았습니다. 호흡이 잘 맞는 모자지간이었는데 도대체 뭐가 잘못된 걸까요? 어떻게 하면 다시 아이와 웃으면서 평화롭게 지낼 수 있을까요?

사춘기의 아들과 갈등이 한창일 때, 선배 엄마들이 "자식을 내려놓아라"고 충고해 주었습니다. 처음에는 이 말이 '자녀가 무슨 일을 하든지 일절 신경을 쓰지 말라'는 뜻인 줄로만 알았어요. 그런데 몇 년 후에야 그 말의 참뜻을 깨달았지요. 자녀를 포기하라는 게 아니라 자녀에 대한 욕심과 집착을 내려놓으라는 거였습니다.

> 결국 사춘기 자녀와의 갈등을 줄이기 위해서는 부모부터 바뀌어야 합니다.

욕심과 집착을 버리니까 그동안 잘 몰랐던 아이의 속마음이 보이기 시작했어요. 아이의 행동들이 조금씩 이해되면서 이를 너그럽게 받아 줄 수 있었습니다. 야단과 잔소리로 일관하던 저의 태도가 부드러운 수용으로 바뀌자, 반항적이던 아들도 많이 누그러지더군요. 그러면서 소원했던 관계가 조금씩 회복되는 것을 경험했습니다.

사춘기는 성장을 위해서 반드시 거쳐야 하는 과정이라서 사춘기를 건너뛰어서는 안 된다고 합니다. 간혹 사춘기를 겪지 않고 지나간 사람이 마흔이 훌쩍 넘어서 자아 정체감에 혼란을 느끼는 경우도 있다고 해요. 부모가 시키는 대로 공부해서 좋은 대학 갔고 남들의 기대에 부응하면서 좋은 직장도 얻으며 떠밀리듯 여기까지 왔는데, 막상 거기에 자기는 없더라는 말입니다. 지금 여기서 뭐하고 있는지 모르겠다며, 뒤늦게 자신의 정체성을 찾아 헤매는 것보다는 또래와 같은 시기에 사춘기를 겪는 편이 낫습니다.

부모로서는 자녀가 사춘기 없이 지나가도 불안하지만, 막상 사춘기를 함께 겪자니 갈등이 생겨서 괴롭습니다. 이러지도 저러지도 못하는 딜레마에 빠지는 것이지요. 사춘기가 성장에 중요한 과정임에는 틀림없지만, 이 시기에 부모와 자녀가 서로를 이해하지 못해 갈등을 겪는다는 게 문제입니다. 그 와중에 아이들은 고입을 치러야 하고, 치열하고 고된 고교 생활과 대입을 맞아야 합니다.

고입과 대입의 결정적인 변수인 사춘기를 어떻게 하면 건강하고 무난하게 잘 보낼 수 있을까요? 부모가 욕심과 집착을 버리고 좀 더 수용적인 태도로 자녀의 변화된 행동을 이해하고 받아들여 줄 때, 이러한 갈등이 해소될 수 있습니다. 사춘기로 인한 갈등이 완화되면 가정의 평화가 돌아옵니다. 그뿐만 아니라 사춘기를 비교적 무난하게 넘긴 자녀는 고입과 대입에 자신의 역량을 집중할 수 있습니다. 결론적으로, 자녀의 사춘기와 대입에 이르는 과정을 겪으면서 저는 자녀와의 갈등을 최대한 줄여야 한다는 소중한 깨달음을 얻었습니다.

이것만은 꼭!

사춘기 자녀와 갈등을 줄이고 평화롭게 지내는 일이 쉽지는 않습니다. 자녀의 돌변한 태도에 당황하고 노여운 마음까지 들지만, 아이 역시 사춘기라는 성장통을 겪으면서 힘들기는 마찬가지입니다. 사춘기 자녀의 변화된 행동을 예전의 모범적인 모습으로 되돌리려고 애쓰지 말고, 우리 부모가 먼저 변해야 합니다. 부모가 자녀의 변화된 행동을 긍정적으로 수용하고, 자녀를 믿고 기다려 줘야 가정에 평화가 찾아옵니다.

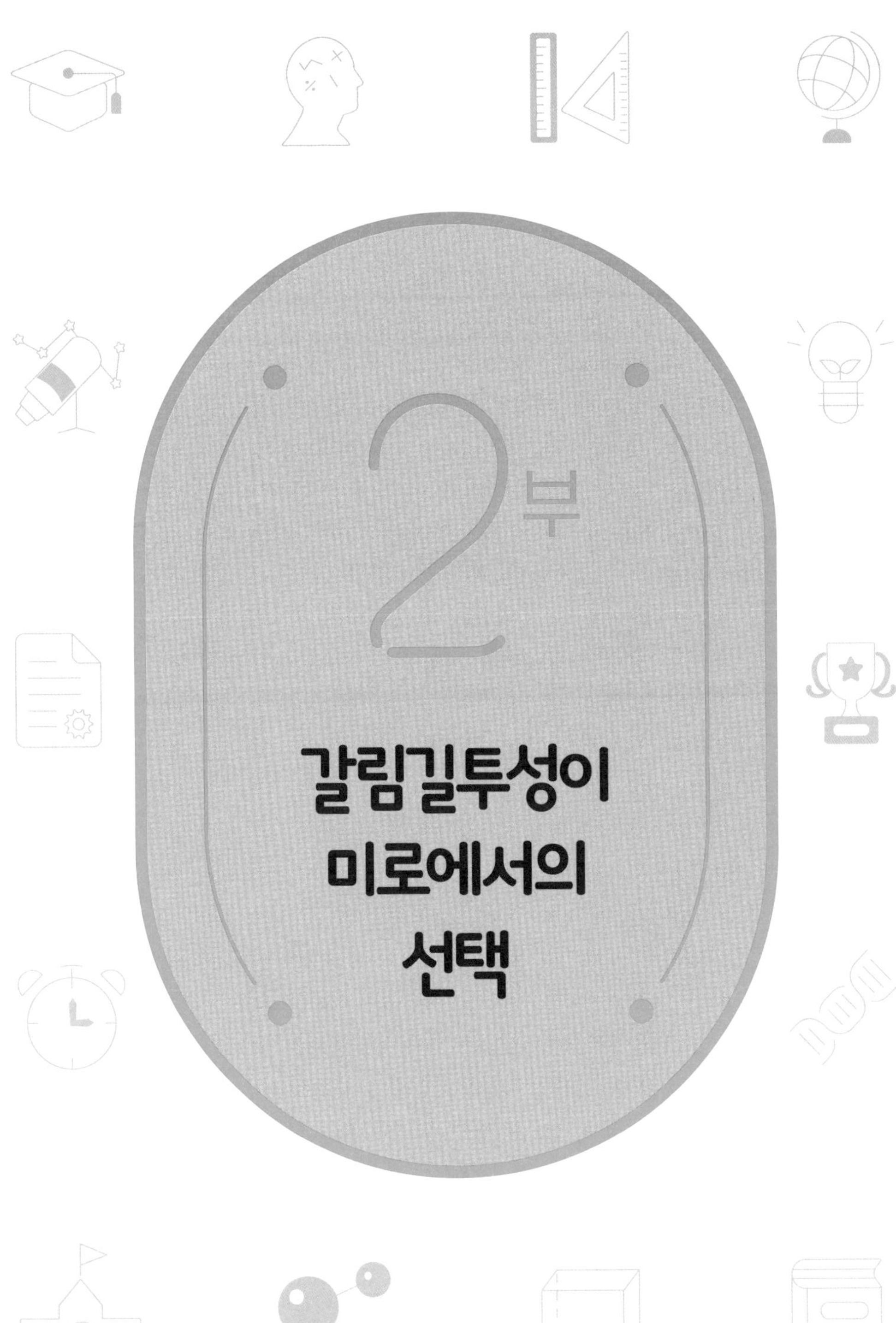

2부

갈림길투성이 미로에서의 선택

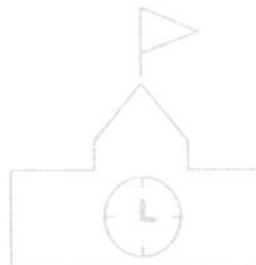

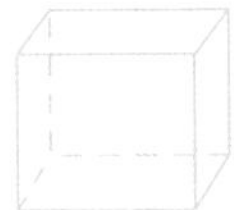

1장

여러 가지 딜레마

인성이냐, 공부냐?

아이가 중고생 시절에 저는 여러 가지 고민과 딜레마를 겪어야 했습니다. 그중에서도 '인성이냐, 공부냐', 그리고 '수학 진도 빼기를 시켜야 하나, 말아야 하나'에 대해 치열하게 고민했어요. 그리고 내신을 챙기자니 수능 준비가 힘들고, 수능에 집중하자니 내신 준비에 소홀해지는 상황처럼 이러지도 저러지도 못하는 딜레마가 참으로 많았습니다.

자녀 교육에서 인성과 공부 중 어느 것이 더 중요하다고 생각하시나요? 물론 당연히 둘 다 중요합니다. 그런데 둘 중 하나만 골라야 한다면 어느 쪽을 택하실 건가요?

인성은 개인의 성품과 인간됨입니다.
사회적 존재로 살아가는 데
인성만큼 중요한 것은 없습니다.

공부는 또 어떤가요? 학교에 다니면서 우리 아이들은 성적이라는 이름으로 학습 능력을 평가받아 왔습니다. 중학교 때는 과목별로 'A, B, C'라는 간단한 등급으로 평가를 받아요. 그러다가 고교 내신에서는 과목별로 1~9등급으로 평가를 받고, 과목별 석차와 과목 평균, 표준편차가 적혀 있는 세부적인 성적표를 받게 됩니다.

> 이렇게 공부는 성적이라는 형태로 평가받고 눈에 보이는 석차나 등급 등 수치로 표시되기까지 하는데 인성은 그렇지 못합니다

'인성이 좋다' 또는 '인성이 별로다' 정도로 그 사람을 대하는 타인들이 막연하게 주관적으로 평가할 따름입니다. 인성은 성적처럼 수치로 측정되지 않는 정적이고 형태가 없는 요소입니다. 그렇다 보니 인성 함양을 내세우는 학원은 거의 없고, 인성을 기르기 위한 교육 프로그램도 그리 많지 않습니다.

반면에 성적 향상을 도와준다는 학원들은 얼마나 많은가요? 서울 목동이나 대치동 학원가에 가 보면, 건물 전체가 각종 공부를 가르치는 학원으로 가득 차 있어요. 인성이 공부보다 덜 중요해서, 다시 말하면 공부가 인성보다 더 중요해서 그런 걸까요?

사실, 마음속으로는 우리 아이가 인성도 좋았으면 좋겠고 공부도 잘했으면 좋겠다고 생각하시지요? 그런데 둘 다 잘하기가 쉽지 않습니다. 더구나 내신 경쟁이 매우 치열한 우리나라 학교에서는 말이죠.

인성과 공부가 반드시 양 극단에 있는
정반대적인 요소는 아니라 하더라도,
인성에 치중하다 보면 공부를 놓치고,
공부에만 집중하다 보면 인성 함양에
소홀해지는 경우가 가끔씩 있을 수 있습니다.

제 아이가 고등학교 2학년 때의 일입니다. 중간고사를 이틀 앞둔 토요일, 오전부터 친구 생일파티에 간 아들이 저녁이 되어도 돌아오지 않더군요. 내일 모레면 시험인데, 그 바쁜 시기에 꼭 친구 생일을 챙겨야 했을까요? 미리 금요일쯤 학교에서 생일선물을 건네주고 축하해 주면 될 텐데, 내신 공부에 오롯이 집중할 수 있는 토요일을 그 친구와 보내야 했을까요? 치열한 고교 내신에서 시험 기간에는 매순간이 정말 소중한데 말이지요.

친구를 너무 좋아해서 친구 따라 강남이 아니라 더 먼 곳도 갈 아이였기에 어느 정도 이해는 갔습니다. 하지만 엄마로서는 솔직히 아이가 빨리 집에 와서 시험공부에 집중했으면 하는 마음이 더 컸습니다.

시험 기간과 겹쳐 있어서 자칫 잊히거나 묻힐 수도 있었을 친구의 생일을 살뜰하게 챙겨 주는 그 마음은 참으로 곱고 아름답습니다. 그런데 시간에 쫓기고 무한 경쟁에 내몰린 고교생들에게는 어쩌면 이러한 우정의 이벤트가 사치나 시간 낭비로 보일 수 있지 않을까요? 고등학교 공부는 그 양과 깊이에서 중학교와는 비교도 되지 않을 정도의 수준입니다. 그래서 아무리 해도 끝이 없는 데다, 시험 범위도 넓어서 한 번 제대로 다 보고 시험 보기조차 힘들지요. 시험 시작 2~3일 전 주말은 그야말로 모든 노력을 공부에 쏟아 부어도 될까 말까 하는 순간이었던 것입니다.

저는 그날, 아들을 초조하게 기다리면서 대책 없고 자기 공부를 잘 챙겨서 하지 못하는 아이를 책망하고 이러한 상황을 한탄했어요. 외둥이를 기르며 매순간 초조했기에, 좀 더 멀리 내다보지 못하고 눈앞의 일에만 골몰하고 애태웠지요. 안타깝게도 아이는 곧이어 치른 중간고사를 잘 보지 못했습니다.

그랬던 아이가 고2 겨울방학부터 마음을 잡고 공부하더니, '수시 학생부 종합 전형'으로 기대 이상의 대학에 합격했습니다. 그리고 졸업 무렵, 아이 친구 엄마에게서 이런 말을 들었습니다.

"우리 아들이 댁의 아드님을 두고 이런 말을 하네요. 고등학교 때 ○○와 친구라서 너무 행복했다고요. 아드님이 참 착하고 심성이 곱더군요."

시험공부냐, 친구냐?
이 상황에서 제 아이는 거의 매번 친구를 택했습니다.
그에 비해 저는 당장 급한 것이 시험이니까
시험공부가 우선이라고 주장했지요.

이렇게 생각이 극명하게 다르다 보니, 아이와 부딪치고 갈등하는 순간이 많았습니다. 그런데 고교 졸업 즈음에 아이 친구 엄마에게서 들은 칭찬은 엄마로서 뿌듯하면서도, 한편으로는 공부만 앞세웠던 제 자신을 되돌아보게 하고 겸연쩍은 마음까지 들게 했습니다.

이것만은 꼭!

인성이냐, 공부냐? 인성도, 공부도 둘 다 중요합니다. 어느 것도 포기할 수 없고, 또 포기해서도 안 됩니다. 그렇지만 가끔씩 이 둘 중에 선택해야 하는 순간들이 우리 아이에게도, 학부모에게도 올 수 있어요. 그럴 때마다 극단적으로 어느 한쪽만 계속 고집하지는 마세요. 그 대신에 상황과 시급한 정도를 고려하여 그때그때 다른 것을 배합해서 선택하게 하면 어떨까요?

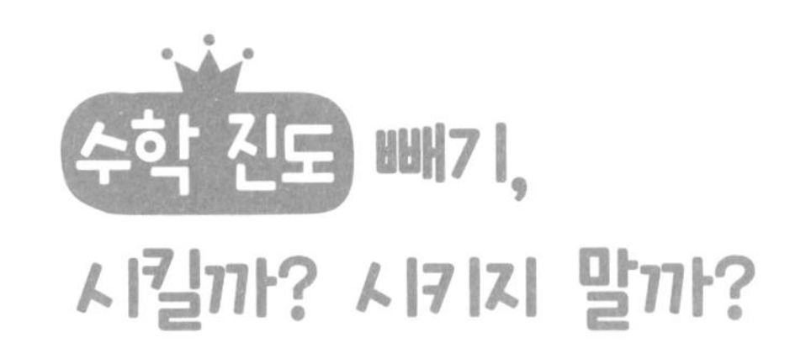

아이를 키우면서 초등학교 고학년부터 고등학교 때까지 줄곧 고민했던 문제는 수학 진도에 대한 것이었습니다. 그 당시에도 초등학교 5학년 정도만 되면 평범한 동네 학원에서조차도 학교 수업보다 3개월에서 6개월씩 진도를 미리 뽑으면서 수학 공부를 시키는 게 성행했어요.

좀 더 좋은 환경에서 교육을 시키기 위해 5학년 2학기 때 서울 목동으로 이사 와서 보니 이러한 경향은 더욱 심했습니다. 옆집 아이도, 윗집 아이도 다들 수학 진도를 앞서서 빼고 있었어요.

그래서 애들 사이에서는 "너 수학 진도 어디까지 나갔어? 학원에서 무슨 문제집 풀어?" 하고 서로 물어보는 일이 잦았습니다. 친구가 자기보다 진도가 빠르면 부러워했고, 자기보다 진도가 느리면 "너 아직 거기 하니? 나는 몇 달 전에 그 문제집 끝내고 최상위 문제로 들어갔는데." 하면서 은근히 자랑하는 식이었지요.

이러한 묘한 경쟁은 엄마들 사이에도 존재했습니다. 옆집 아이가 우리 아이보다 수학 진도를 더 빨리 나가면, 우리 아이가 뒤처질까 봐 좀 더 분발하도록 더욱 열성적으로 시키게 되더군요.

학원마다 레벨 테스트로 반을 배치하고, 수업 진행 과정에서 아이의 수학 레벨에 따라 수학 진도 빼기의 수위와 속도를 조절했습니다. 저와 아이도 이러한 주변 분위기에서 자유로울 수 없었습니다. 아이가 다녔던 수학 학원에서도 5학년부터 3개월씩, 6개월씩 진도를 앞서 가더니, 중1이 되자 방학 특강까지 넣어 가며 선행 진도를 뽑았어요. 그리하여 아이는 중1 때 중2 수학을, 중3 때는 고2 때 배울 수학 파트를 공부하게 되었습니다.

학원에서 가르치는 대로 맡겨 놓다 보니, 어느새 현재 학년의 진도보다 2년을 앞서 진도를 나가고 있었습니다.

주변 또래 아이들이 다들 선행 학습을 하고 있으니까
우리 아이도 당연히 그래야 하는 줄 알았습니다.

'지금은 비록 아이가 힘들어해도 수학 진도를 최대한 미리 뽑아 놓으면 나중에 학교에서 그 단원을 배울 때 훨씬 수월하다'는 학원 측의 달콤한 설득에 아주 쉽게 넘어갔지요.

그런데 수학 진도 빼기에 열중했던 것이 주변 분위기나 학원의 리드 때문만은 아니었습니다. 제 자신이 학창 시절, 수학에 유달리 약해서 고전했으니 아이는 수학에 대해 만반의 준비를 시켜 줘야겠다는 보상 심리가 작용한 것이지요. 그리고 막연히 수학은 어려운 과목이고 고등학교 가면 훨씬 어려워지니까 미리 준비하는 편이 유리할 거라는 기대도 한몫했어요.

중학생과 고교생 자녀의 수학 선행 학습 문제로 고민하는 분들 계시지요? 옆집 아이도 하는 수학 선행 학습을 우리 아이만 안 시킬 수 없고, 그렇다고 수학 진도 빼기에만 열중하자니 아이가 힘들어서 스트레스를 받으니 '이럴 수도 없고 저럴 수도 없는' 노릇입니다.

그러면 현재 학년보다 1년 또는 2년 앞서서 수학 진도를 뽑는 것이 과연 효과가 있을까요? 우리 아이의 경우에는 그다지 효과가 없었습니다. 그리고 수학에 탁월한 재능이 있어서 개념 이해가 빠른 몇 명을 제외하고는, 아이 친구들에게도 역시 수학 선행의 효과가 아주 미미했습니다.

왜 그럴까요? 중2가 중3 수학을 미리 배우는 것은 가능하지만, 중2가 고1이나 고2 수학을 배우는 것은 아주 힘든 일입니다.

자기 학년보다 2년, 3년의 수학 선행을
제대로 해낼 수 있는 아이는
극소수에 불과합니다.

고교 수학에는 중학 수학과는 비교도 안 될 만큼 어려운 개념이 많이 나옵니다. 그래서 이 개념들을 제대로 이해하지 못하면 2~3년 전부터 배워서 여러 차례 반복 학습을 했더라도 모두 허사입니다. 수학에 뛰어난 소질이 있는 게 아니라면, 수학 2~3년 선행 부분에 나오는 개념을 이해하지 못하는 경우가 대부분입니다. 개념 이해가 덜 된 상태에서 교재만 바꿔 가면서 두세 번 같은 파트를 얕은 수준으로 반복한다면, 막상 제 학년이 되어 그 부분을 다시 배울 때 기대했던 효과가 나타나지 않는 건 당연하겠지요.

수학 선행 학습은 결국 대부분의 학생에게는 거의 효과가 없거나 효과가 미미한 듯합니다. 물론 제 아이의 경험을 모든 아이의 경우로 일반화하여 말하기에는 무리가 따릅니다. 하지만 수학 선행 학습은 학부모의 기대와는 달리, 얻는 것보다 잃는 것이 더 많더군요. 그중에서도 가장 큰 부작용은 아직 어려운 수학 개념을 이해할 준비가 안 된 자녀를 '인지적 과부하' 상태로 만들어 수학을 기피하게 하는 것입니다. 방학 특강까지 넣어 가며 진도 빼기에 동참하느라 들인 막대한 비용과 시간, 아이의 헛고생과 정신적 갈등까지 생각하면, 무리하게 수학 선행을 시킨 것이 참으로 후회됩니다.

이것만은 꼭!

중학생과 고교생 자녀를 두신 어머니들, 무리한 수학 진도 빼기는 제 아이의 경우에는 큰 효과가 없었습니다. 오히려 이해 안 되는 어려운 개념을 억지로 배우러 다니느라 아이가 너무 스트레스를 받았고, 그러다 보니 저 몰래 학원을 결석하게 되더군요. 그렇게 애를 써서 미리 배운 수학인데, 막상 고등학교에 갔더니 개념을 이해하지 못했고, 오래전에 선행을 해서 들어 본 적만 있고 전혀 모르는 부분이라 모두 다시 공부해야 하는 허탈한 순간을 맞았습니다. 자녀분 주변의 또래들이 대부분 수학 선행을 한다고 해서 흔들리시지 말고, 현 단계의 수학을 깊이 있게 공부하도록 하는 것이 훨씬 나은 선택입니다. 그래도 너무 걱정되신다면 자녀분의 수준에 맞게 6개월이나 1년 정도의 선행만 하실 것을 권해 드려요.

수학 진도 빼기의 실제 사례

우리 아이는 초등학교 4학년 때, 교내 수학 경시대회에서 2등을 할 만큼 영리하고 수학적 감각이 있었습니다. 하지만 학교 대표로 교육청 수학 영재시험에 도전했다가 자신의 한계를 느꼈고, 본인이 영재가 아니라는 사실을 알게 되었지요. 그래도 승부욕이 있고 학업에 열심이어서 중학교 2학년까지는 전교권의 성적을 냈고, 수학 성적도 평균 95점 정도로 우수한 편이었습니다. 학원에서도 늘 상위권 반이었으며, 그 당시 학원들의 트렌드였던 수학 진도 빼기를 잘 따라가는 듯했어요.

그러나 중2 여름방학 무렵, 사춘기가 오면서 아이는 공부에 싫증을 느끼고 엄마 몰래 수학 학원을 빠지는 날이 생겼습니다. 자기 학년보다 2년 앞서는 수학 진도 빼기에 지쳐 갔고, 학습 부담을 느끼면서도 마지못해 학원을 다니는 지경에 이르렀지요. 그러자 수학 학원 갈 시간만 되면 저는 초긴장 상태에 빠졌습니다. 아이는 어떤 날은 숙제를 못해서 학원을 못 간다고 했고, 또 어떤 날은 그냥 가기 싫어서 안 간다고도 했어요.

어떻게든 아이를 설득해서 학원만은 보내고 싶었지만, 그런 집요한 노력도 허사였지요. 분명히 수학 학원 간다고 나갔는데 학원에서는 아이가 결석했다고 연락이 오는 일이 빈번해졌습니다. 아이에게 화가 나고 실망한 저는 꾸중과 잔소리만 해댔지요.

이렇게 수학 진도 빼기와 아이의 사춘기가 겹치면서 아이와 갈등하는 날이 많았습니다. 어리석게도 저는 최대한 수학 진도를 앞서서 뽑게 하면 고등학교에서 수학 걱정을 덜 수 있을 거라는 기대를 품고 있었습니다. 그래서 아이가 힘들어해도 계속 몰아붙였어요.

솔직히 말씀 드리면, 옆집 아이도 하는 수학 선행을 우리 아이만 쉬게 할 수 없다는 엄마의 초조함과 묘한 경쟁심이 수학 진도 빼기를 계속하게 만든 근본 원인이었습니다.

수학 선행은 아이도, 엄마도 힘들게 만들었어요. 아이는 중1 때 중2 수학을 배웠고, 방학마다 특강을 추가하면서 선행 속도를 높인 결과 중2 때는 중3과 고1 과정을, 중3이 되니 고2 과정을 배우게 되었습니다. 고2가 배우는 수학을 중3이 진짜로 배울 수 있을까요? 서울 목동에서 수학 상위권에 속했던 우리 아이도 고1 과정은 어떻게든 이해했지만, 고2 과정부터는 학원 선생님의 설명이 이해가 되지 않는 한계 상황을 맞았습니다.

학원에서는 선행 진도 나갈 때, 처음엔 개념과 원리 위주의 책으로 시작해서 한 번 진도를 나가고, 두 번째로 동일한 파트를 반복할 때는 기본 문제집으로, 세 바퀴째 돌 때는 중급 교재로, 그 다음엔 상급 교재로 넘어갑니다. 그러고는 학부모에게 우리 학원은 고2 수학을 네 바퀴나 돌렸다는 식으로 광고하듯 이야기합니다.

그러나 실상은 동일 파트를 네 번씩이나 교재를 바꿔 가면서 반복 학습시켰어도, 그때마다 아이가 개념을 이해하지 못하고 그냥 떠밀려서 진도만 나간 경우라면 아무 의미가 없었습니다. 그런데 학원 빠지면 엄마가 야단치고 집안이 난리가 나니, 아이 입장에서는 학원을 결석할 수도 없고 그렇다고 이해 안 되는 지겨운 수업을 계속 들을 수도 없어서 심적 고충이 컸을 겁니다.

이렇게 자식과 갈등하면서까지 힘들게 시켰던 '수학 진도 빼기', 과연 고등학교에서 효과가 있었을까요? 우리 아이의 경우에는 별다른 효과가 없었습니다. 허무하게도 중3 때 힘겹게 미리 공부했던 고2 수학 파트를 막상 고2가 되었을 때는 거의 잊어버려서 처음부터 다시 공부해야 했어요. 그리고 중3 때 고2 수학을 하느라 바로 곧이어 하게 될 고1 수학을 덜 공부했더니, 고1 때 수학 때문에 고전해야 했지요. 게다가 학원에서 이미 배웠던 내용이라는 생각에 방심하면서, 오히려 처음 배우는 것보다 공부를 덜하게 되는 결과를 낳았습니다. 그토록 아이와 실랑이를 벌이면서 힘들게 시킨 선행이건만, 정작 고등학교에 가서 효과는커녕 심각한 부작용을 겪은 셈입니다.

수학에 싫증을 느껴서 공부에 소홀했던 점을 인정한다고 해도, 우리 아이의 경우에는 수학 선행 학습의 효과가 거의 없거나 아주 미미했습니다. '이럴 줄 알았으면 아이가 힘들어 할 때, 학원을 쉬게 하거나 선행을 덜 시키는 학원으로 옮겨 줄걸.' 하고 뒤늦은 후회를 했어요. 그랬다면 아이와 그토록 심하게 다투지는 않았겠지요. 그러나 그 당시 저는 자녀에 대한 교육열과 기대만 높았지, 좀 더 멀리 내다보는 혜안은 없었던 초보 엄마였습니다.

여유를 가지면서 길을 돌아갈 수도 있는데, 오직 직진밖에 몰랐던 것입니다.

자녀분들도 1년이나 2~3년씩 수학 진도 빼기를 하려고 하거나 현재 하고 있나요? 요즘도 우리 아이 때처럼 이러한 경향이 여전하다고 들었습니다. 아이마다 학습 의욕과 의지가 다르고, 수학 선행 학습을 해낼 수 있는 학습 능력과 역량 또한 차이를 보입니다. 그렇기 때문에 수학 선행의 효과를 보았다고 자신 있게 말하는 사람들도 분명히 존재합니다. 제 주변에도 학습 역량이 우수하고 학습 의욕까지 높은 아이들의 경우, 중학교 때 3년 선행을 해내고 과학고나 영재고에 합격한 사례들이 있습니다.

그러나 수학 선행 학습이 극소수의 최상위권 아이들에게 효과가 있었다고 해서 우리 아이에게도 효과가 있다고 보장할 수는 없습니다. 중요한 것은 자녀가 이를 해낼 만한 학습 의지와 역량을 갖추고 있느냐입니다.

이것만은 꼭!

옆집 아이도 하는 수학 진도 빼기를 우리 아이만 안 시킬 수도 없다는 것이 학부모들의 솔직한 심정입니다. 하지만 자녀분에게 수학 진도 빼기가 도움이 될지 어떨지 확신이 없으시지요? 그렇다면 한 가지 현실적인 대안을 제시해 드립니다. 고등학교 입학을 앞두고 중3 때, 6개월에서 1년 정도의 선행만 시키면 어떨까요? 대부분의 경우 1년 이상의 선행은 효과가 떨어지기 마련입니다. 그러므로 고입을 앞두고 고교 수학이 정말 걱정되신다면, 자녀분에게 6개월이나 1년 정도만 선행을 해 보게 하는 것이 좋을 듯합니다.

2장

내신과 수능 준비는 두 마리의 토끼일까?

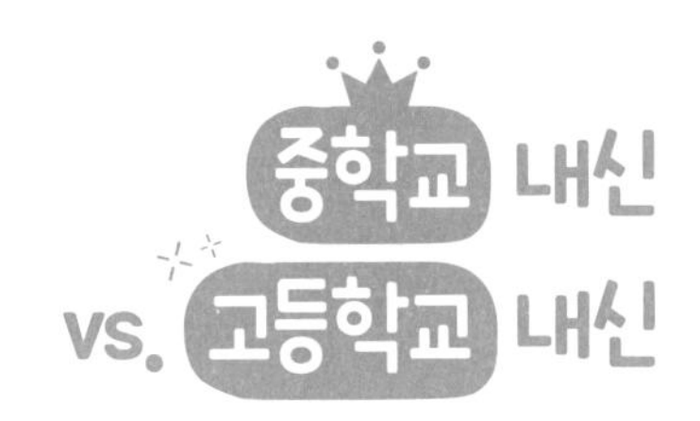

고등학교 진학 이후 자녀의 성적이 조금이라도 하락한 경험, 있으신가요? 제 아이도 다른 아이들처럼 고1이 성적 급락의 고비였습니다. 제 학창 시절에도 '중학교 공부와 고등학교 공부는 하늘과 땅 차이'라는 말이 있었는데, 아이 세대에서는 이 말이 더욱 실감났어요. 대입과 직결되어서 경쟁이 치열해지다 보니, 고교 내신을 잘 받기가 참으로 힘들더군요.

저는 아이가 고등학교에서도 우수한 성적을 낼 수 있도록 여러 가지 준비를 시켰어요. 우선 중학생 때부터 미리 고등학교 수학을 1~2년씩 공부하게 했지요. 영어도 문법을 다지고 고교 수준의 단어들을 암기하게 함으로써 어려워지는 영어 독해에 대비시켰습니다. 또 수능 국어 영역이 어렵게 출제되는 것을 지켜보면서 국어의 중요성을 깨달았습니다. 그래서 중3 여름방학부터 고1 모의고사 기출 문제로 미리 공부하게 했어요.

이 정도면 고등학교 내신 준비로 꽤 완벽해 보였습니다. 하지만 이러한 노력들은 고1 첫 모의고사에서 반짝 빛이 나는가 싶더니, 사춘기가 덜 끝난 아이의 성실하지 못한 학습 태도로 인해 그 빛을 잃어 갔습니다. 중학교 때 줄곧 우등생이었던 아이는 고1 때는 전교 50등 안팎을 오가며 중상위권에 머물렀습니다.

아직 자녀가 초등생이나 중학생인 분들은 '고등학교 전교 50등'이라고 들어도 감이 안 오시죠? 학생 수가 300명인데 전교 50등 정도라면, 내신 평균이 '3등급' 정도라는 뜻이에요. 학부모들이 원하는 1등급은 '과목별 덕후'나 정말 특출한 소수만 받는 것이고, 2등급 받기도 힘든 게 현실입니다. 아이가 강북권 자사고로 진학해서 내신 경쟁이 다른 고교에 비해 더 치열했던 점을 감안하더라도, 이러한 성적 급락은 아이 본인에게는 물론, 부모에게도 받아들이기 힘들었지요.

도대체 고등학교 내신은 중학교 내신과 어떻게 다르기에 나름대로 대비했어도 성적이 급락하는 걸까요?

그 이유는 고등학교 교과가
중학교 교과에 비해 더욱 전문적이고 어려운 데다,
과목별로 해야 할 공부의 양이
비교가 안 될 정도로 많기 때문입니다.

예컨대 중학교에서 '과학'을 배운다면, 고등학교에서는 '화학1', '화학2', '물리1', '물리2', '생명과학1', '생명과학2', '지구과학1', '지구과학2' 등의 세분화된 과목들을 깊이 있게 배우게 됩니다. 비단 과학뿐만 아니라 국어, 영어, 수학, 그리고 사회 교과도 세분화된 과목으로, 보다 깊이 있는 내용을 배우기 때문에 체감 난도도 높아지고 절대적인 학습량도 많아져서 공부가 힘들어지는 것이지요.

고등학교의 평가 방식이 중학교의 경우와 상당히 다르다는 점 역시 고교 내신과 중학 내신에서 큰 차이를 느끼게 만드는 요인입니다. 중학교에서는 과목별로 90점 이상만 받으면 인원수와 상관없이 모두 A를 주는 절대 평가 방식으로 평가합니다.

하지만 고교에서는 각 과목별로 전교 1등부터 쭉 순위를 매겨서 전체 석차가 해당 학년 학생 수의 4% 안에 드는 학생만 1등급을 주는 상대 평가 방식으로 평가합니다. 중학교 때는 조금만 공부해도 맞힐 수 있는 비교적 쉬운 문제들로 된 시험을 치렀고, 성적표에도 성적이 'A, B, C'로만 적혀 있어서 과목별로 정확한 등수를 파악할 수 없었습니다. 그래서 부모님들은 막연히 '우리 아이는 영어 상위권' 이라는 식으로 여기는 경향이 있지요.

그런데 고교에서는 과목마다 '만점 방지 문제'들이 포함된 까다롭고 변별력 있는 시험을 치를 뿐만 아니라, 과목별로 등급과 전교 석차가 명시되어 있는 성적표를 받습니다. 그동안 잘 몰랐던 과목별 석차가 명확하게 드러나면서 본인도, 부모님도 당혹감을 느끼게 되는 것이지요.

중학 내신에 비해 고교 내신이 하락하는 근본 원인은 아이의 학습 태도 때문입니다.

고등학교에서는 교과 내용이 훨씬 어려워지고 공부해야 할 분량도 많으며, 평가 방식의 차이로 인해 변별도 높은 어려운 문제가 출제됩니다. 상황이 이런데도, 중학교에서 통했던 공부 방식을 고등학교에서까지 그대로 쓰려는 학생들이 많다는 게 문제입니다.

제 생각에는 이 점이 고교에서 성적이 급락하는 가장 큰 원인이라고 봅니다. 중학교에서는 평소에는 별로 공부하지 않다가 시험 기간에 3주 정도 집중적으로 공부하면 과목별로 어렵지 않은 문제들이 출제되므로 90점 이상의 점수를 받을 수 있었어요. 그러나 고교에서는 중학교에서 공부했던 방식과 공부 시간을 그대로 투입하면 80점 또는 70점 이하의 점수를 받는 경우가 많습니다. 중학교에서 통했던 벼락치기 공부 방식은 고등학교에서는 더 이상 통하지 않는 것입니다.

고교에서 우수한 내신을 받으려면 주요 과목 중심으로 꾸준히 공부해야 합니다. 시험 기간에는 5주 정도는 전과목에 걸친 집중적인 학습이 필요합니다. 이런 성실한 태도가 3년간 쭉 지속되었을 때, 우수한 내신을 받을 수 있고 좋은 대입 실적과 연결될 수 있습니다.

이것만은 꼭!

고등학교 공부는 중학교 공부에 비해 양이 많고 수준이 높기 때문에 고등학교 내신을 잘 받기 위해서는 중학교 시험 기간에 했던 공부량과 노력만으로는 한참 부족합니다. 평소에도 주요 과목 위주로 늘 공부해야 하고 시험이 다가오면 5주 정도는 그동안 소홀히 했던 단위 수 낮은 과목들까지 집중적으로 공부해야 그나마 덜 당황스러운 등급을 받을 수 있습니다. 그리고 자녀의 학습 능력을 향상시켜야 할 뿐만 아니라 성실성과 끈기, 시간관리 등 자기관리도 철저해야 합니다.

고교생 자녀가 내신에 집중할 것인지, 수능 준비에 전념할 것인지 고민해 본 적 있으신가요? 아직 기회가 남았다고 여기는 고교 1학년 학생들은 이런 고민을 상대적으로 덜 하는데 비해, 고2 중반이 넘어가면 내신 성적을 만회하기가 힘들다고 생각하는 학생들과 부모님들에게는 아주 흔한 고민거리입니다. 우리 아이도 고2부터 내신에 집중할 것이냐 수능 공부에 집중할 것이냐를 고민했어요. 고1 때 만족할 만한 내신을 받지 못했고, 고2가 되어 과목별로 한 등급씩이라도 올려 보려고 애썼지만 다들 열심히 하는 분위기 속에서 내신 등급을 올리기가 쉽지 않았거든요.

중학생 자녀를 두신 부모님들께서는 내신이든 수능이든 다 같은 공부인데, 내신 공부 따로 수능 공부 따로 해야 하느냐며 이상하게 생각하실 것입니다. 그냥 과목별로 열심히 공부하면 내신에서도 성적을 잘 받고 수능에서도 고득점을 할 수 있을 텐데 말입니다.

그런데 고교생들이 처한 현실은 그렇게 간단하지가 않습니다. 내신만 잘 보는 내신형 학생이 있는가 하면, 내신보다 모의고사 점수가 훨씬 잘 나오는 수능형 학생이 분명히 존재합니다. 이런 점을 감안할 때, 내신과 수능은 큰 차이를 지닌다는 것을 짐작할 수 있습니다.

도대체 왜 이런 차이가 생길까요? 내신과 수능은 성격이 판이하게 다르기 때문입니다. 내신은 그 학교의 그 학년, 그 교과 수업에서 교사가 가르친 내용을 토대로 정해진 범위 안에서만 문제가 출제됩니다. 따라서 평소에 학습 태도가 성실한 학생에게 절대적으로 유리하지요.

비교적 단기간에 집중적으로 공부해서 준비할 수 있는 내신과 달리, 수능은 영역별로 학생의 학습 능력과 사고력, 응용력을 묻는 시험입니다. 그러므로 모의고사나 수능 유형의 시험은 4~5주 공부해서는 대비할 수 없습니다.

한마디로 과목별로 공부의 기본기와
실력을 갖춘 학생에게
유리한 시험이라고 할 수 있지요.

또한 고교 내신 시험 출제 경향이 수능의 유형과 다를 수 있어서, 학교의 출제 경향에 맞추어 공부하다 보면 수능 공부와는 거리가 멀어지는 경우가 생깁니다. 이러한 상황도 내신과 수능에서 성적 차이가 발생하는 원인이 됩니다.

물론 내신 시험의 유형을 수능과 유사하게 출제해서 학생들이 내신 시험 대비에 충실할 경우 자동으로 수능 대비까지 되는 경우도 있습니다. 그러나 소속 고교의 내신 출제 유형이 수능과 많이 다르다면, 학생들은 내신은 내신대로, 수능은 수능대로 따로 준비해야 해서 번거로워질 수밖에 없습니다.

그러면 고교마다 내신 시험 출제를 수능 유형과 수준에 맞추면 될 텐데, 그렇게 하지 않는 학교가 많은 이유는 무엇일까요?

저는 고등학교에서도 영어를 지도한 경험이 있어서 이 점에 대해 현실적인 답변을 드릴 수 있습니다.

> 고교마다 처해 있는 여건이나 사정이 다르다 보니, 학교 입장에서는 학생들의 학업 능력이나 수준을 고려해서 내신을 출제할 수밖에 없습니다.

내신 시험을 수능과 유사한 유형과 수준으로 어렵게 출제해도 얼마든지 문제를 맞힐 수 있는 학생들이 많은 학교라면 내신을 이렇게 출제할 수 있을 거예요.

그러나 대부분의 고교에서는 수능이나 모의고사 스타일의 난이도 있는 문제들을 대거 출제했을 때, 학생들이 어려워하기 마련입니다. 내신 시험 문제가 어렵게 출제되면 우등생은 그 문제들을 제대로 풀지 못하고 틀리는 반면, 성적이 낮았던 학생이 '잘 찍어서' 맞히게 되는 성적 왜곡 현상이 벌어지게 됩니다. 고교 내신 시험은 우수한 학생과 덜 우수한 학생을 가려내는 변별력이 생명입니다. 그런데 내신 시험을 수능 수준으로 어렵게 출제하면, 변별도가 떨어질 위험이 있습니다. 그런 이유로 일선 고교에서는 학생들 수준에 맞추어 '내신 우등생'이 맞힐 수 있는 문제들을 출제할 수밖에 없는 상황입니다.

이처럼 내신과 수능이 성격이 다른 데다,
시험의 변별력을 위해 내신 시험을 수능 수준으로
출제할 수 없는 고교가 많습니다.
그 결과 학생들은 내신 따로, 수능 따로 준비해야 하는
상황에 놓이게 되지요.

그렇다면 이런 현실을 어떻게 하면 슬기롭게 헤쳐 나갈 수 있을까요?

우리 아이는 포기하기에도, 집중하기에도 애매한 '3점 초반'대의 내신을 늘 받았습니다. 평균 내신이 2점대였다면 더욱 내신에 집중하는 전략을 구사했을 것입니다. 하지만 3점대에서 아무리 애를 써도 더 이상 만회하기가 어렵더군요.

그럼에도 다행히 공부의 기본기가 있어서 그런지, 등락 폭은 커도 모의고사 점수가 내신보다 잘 나왔습니다. 그래서 담임선생님과의 상담에서도 수능에 집중하는 편이 낫겠다는 조언을 들었습니다.

내신이냐? 수능이냐? 선택의 기로에서 우리 아이는 내신도, 수능 준비도 놓을 수 없었습니다. 두 마리의 토끼를 모두 쫓다 보면 결국 한 마리도 못 잡는다는 것이 상식입니다.

하지만 수시와 정시 구도가 팽팽하게 형성된 대입 구조에서, 내신이 탁월하지도 않았고, 등락 폭이 컸던 모의고사 점수만 믿을 수도 없었지요. 그래서 아이는 내신 시험 기간에는 내신 공부를, 다른 때는 수능 준비를 하면서 지내야 했습니다. 수시 학생부 종합전형에 집중하면서 수능도 끝까지 놓지 않고 완주한 것입니다.

이것만은 꼭!

자녀의 고교 내신 성적과 모의고사 성적이 크게 차이 날 때는 수시냐 정시냐를 두고 결단을 내리게 됩니다. 내신이 훨씬 우수하면 수시 학생부 교과전형이나 수시 학생부 종합전형을 준비하겠지만, 만일 모의고사 성적이 훨씬 우수하다면 정시를 염두에 두고 수능 준비에 보다 많은 시간과 노력을 투자하게 될 것입니다. 자녀의 성향도 파악하시고, 자녀가 대학을 가는 시기에 어떤 전형이 대세인지도 파악하셔서 가장 알맞은 대입 전형을 결정하시는 것이 좋겠습니다.

현재 우리나라의 대입 제도는 크게 수시와 정시 전형으로 나뉘어져 있습니다. 수시 전형에는 학생들이 고교 재학 중에 참여한 각종 활동과 실적, 고교 내신 성적 등을 기재한 '학교생활기록부'(이하 학생부)를 중심으로 평가하는 '학생부 종합전형', 내신 성적을 정량적으로 평가하는 '학생부 교과전형', 논술고사로 선발하는 '논술전형' 등이 있습니다. 정시 전형은 수능 점수를 기준으로 선발하는 전형 방식으로, 대학에 따라 고교 내신도 일부 반영하는 경우가 있기는 하지만 수능 점수가 절대적으로 큰 비중을 차지합니다.

고1, 고2 학생들 중에서 중간고사, 기말고사를 치르고 나서 내신 등급이 원하는 수준으로 나오지 않았을 경우, 내신을 버리고 수능에 '올인'해서 정시 준비를 할까 고민하는 경우가 많습니다. 자녀의 내신 성적 관리가 쉽지 않다는 것을 체감하신 학부모님이 자녀를 정시에 '올인'시킬까 고민하시는 경우도 자주 보았고요. '수시냐, 정시냐' 선택의 기로에서 어느 쪽을 선택해야 자녀에게 유리할까요?

그런데 '수시와 정시 중 어느 것도 쉽게 놓아 버려서는 안 된다'는 것이 입시 전문가들의 공통된 의견입니다. 정시를 준비하기 위해서뿐만 아니라 심지어 수시를 위해서라도 수능 공부를 열심히 해야 한다고 주장하는 경우도 있습니다.

왜 그럴까요? 불확실성이 곳곳에 도사리고 있는 대입에서 '수시면 수시, 정시면 정시' 어느 하나에만 매달린다는 것은 너무나 위험성이 크기 때문입니다. 내신은 너무 좋은데 수능 스타일의 모의고사 점수가 낮다거나, 반대로 모의고사에서는 고득점이 나오는데 내신 등급이 낮은 경우처럼 극단적인 경우를 제외하고는 수시와 정시를 모두 고려한 전략을 세워야 합니다.

그렇다면 수시 준비를 하면서 정시도 함께 준비해야 하는 이유는 무엇일까요?

> 일반적으로 수시 원서를 쓸 때,
> 가장 중요한 기준은 아이러니하게도
> 모의고사 성적입니다.

수시 지원 대학의 선택 기준이 내신이나 고교에서의 활동실적이 아니라 정시를 위한 기준인 모의고사 성적이라니 언뜻 보면 이해가 잘 안될 수도 있습니다. 이는 수시에서 합격한 학생은 그 후 수능 점수를 아무리 잘 받아도 정시에 지원할 수 없도록 되어 있는 제도에서 기인된 것입니다. 그러므로 수시 지원 대학을 선택할 때, 신중을 기해야 하고 정시에서 수능 점수로 갈 수 있는 대학보다는 조금 더 상향해서 수시 지원을 하는 것이 유리합니다.

이러한 이유 때문에 자녀가 안정적으로 받을 수 있는 수능 점수를 예측할 때에는 고3때 본 모의고사 성적을 기준으로 삼을 필요가 있습니다. 이런 고려와 판단이 선행되어야만 정시 때 갈 수 있는 대학보다 좀 더 좋은 대학에 수시 지원을 해 볼 수 있고, 수시 전형으로 합격한 후, 수능 점수가 잘 나와도 정시 전형에 대한 미련을 갖지 않을 수 있습니다. 수시에서 너무 안정권만 지원해서 합격했는데 막상 수능에서 좋은 점수가 나온 경우, 정시에서 더 좋은 대학을 노릴 수 있는 기회를 놓치게 되고 이를 아쉬워하다가 재수를 하는 학생들도 있습니다.

따라서 수시를 준비하면서도 수시 지원 시, 모의고사 성적을 기준으로 대학을 선택하게 되므로 수시에 집중한다고 해도 수능을 공부하지 않을 수 없는 참으로 어려운 상황에 있다고 말할 수 있습니다.

결국 수시에 집중하든,
정시에 집중하든, 수능 준비는 필수라는
결론에 도달하게 됩니다.

수시 전형에서 학생부 종합전형의 지원자를 살펴보면, 다음과 같은 현상이 나타납니다. 고교 또는 지역마다 동일한 내신 등급을 받아도 지원 대학이 다른 경우가 존재합니다. 이것은 '수능 최저학력기준'이라는 요소가 걸려 있어, 이 기준을 충족시킬 수 있느냐의 여부에 따라 수시에서 지원 대학을 달리하기 때문에 나타나는 현상입니다. 수시 전형에 집중한다고 해도 수능 최저학력기준이 있는 대학에 지원하는 경우에는 수능 준비를 하지 않을 수 없습니다. 물론 대학에 따라 또는 전형에 따라 수능 최저학력기준을 적용하지 않는 곳도 많습니다. 그래서 내신은 좋은데 모의고사 점수가 잘 나오지 않는 학생들이 주로 이러한 대학이나 전형에 수시 원서를 씁니다.

이렇게 수시 지원 기준점을 잡으려면 수능 공부를 해야 할 뿐만 아니라 수능 최저학력기준을 맞추기 위해서도 수능 공부를 해야 합니다. 그래서 수시를 준비하면서 수능 공부를 놓을 수 없으므로 정시도 준비하게 되는 것입니다. 수시에 '올인'하겠다, 아니면 정시에 '올인'하겠다는 전략은 위험 부담이 너무 큽니다. 수시와 정시 어느 한쪽만 준비했다가 생각대로 되지 않으면 재수의 길로 접어들 수밖에 없습니다.

수시와 정시 전략은 〈4부〉에서 자세히 설명해 드리겠습니다.

이것만은 꼭!

현재 대입 체계에서는 내신, 수능이란 두 마리 토끼를 모두 잡아야 합니다. 내신이 낮아도 수능 최저학력기준을 맞추면 합격 가능한 대학이 존재하고, 내신과 수능 최저학력기준을 모두 충족하여 균형을 잡아야 합격할 수 있는 대학이 있습니다. 그러므로 목표하는 대학의 합격 기준이 높을수록 기본적으로 내신과 수능을 같이 가져가야 한다고 생각하시면 됩니다.

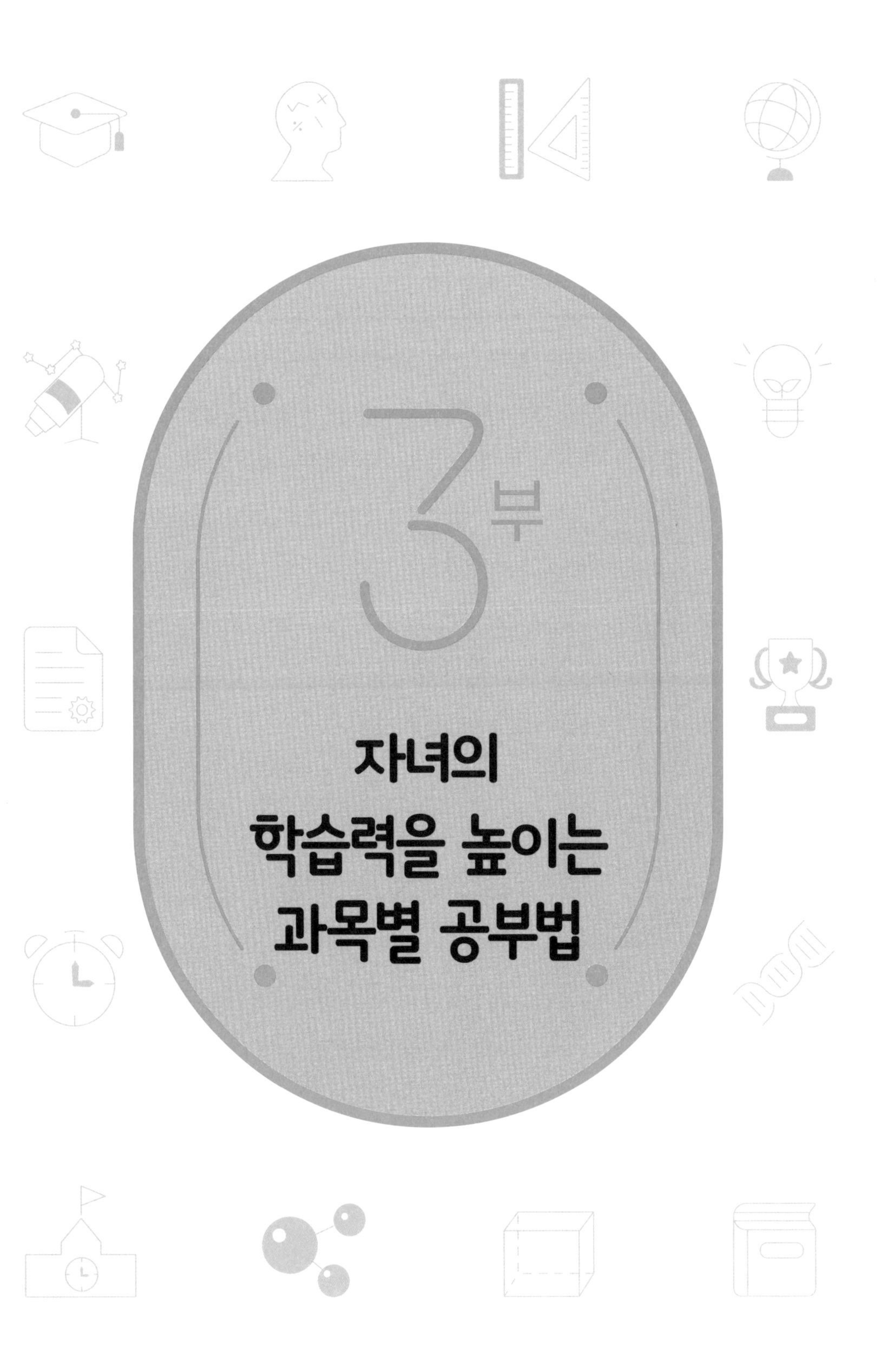

3부

자녀의 학습력을 높이는 과목별 공부법

1장

국어와 독서 이야기

수능에서 가장 어려운 과목, 국어

중3 여름방학 시작 무렵, 아이 친구 엄마로부터 자기 아이와 우리 아이를 팀으로 묶어서 국어 학원에 보내자는 제안을 받았습니다. 고교생 딸을 둔 그분은 고교 내신이나 대입 정보를 유난히 많이 알고 있었어요. 고교생들이 가장 힘들어하는 과목이 수학이나 영어일 것 같지만 수능에서 가장 어렵게 출제되는 과목은 단연 '국어'이므로 미리 대비해 놓자는 건데, 듣고 보니 일리가 있었지요.

그 당시 저는 고입 설명회뿐만 아니라 대입 설명회도 들으러 다녔습니다. 그런데 강연자마다 수능에서 가장 어려운 과목으로 등극한 '국어'에 관심을 가져야 할 때라고 강조하더군요. 수능에서 수학을 어렵게 출제하면 사교육을 부채질한다는 비난을 살 수 있습니다. 그리고 영어는 절대평가로 채점하니, 어렵게 내는 데 한계가 있습니다. 하지만 국어는 어렵게 출제해도 상대적으로 저항이 덜해서, 국어의 난도를 높여서 출제하는 경향이 짙어지고 있다는 것이지요. 이러한 지적이 전적으로 옳다거나 그렇지 않다고 판단하기란 쉽지 않았습니다. 그러나 해마다 수능에서 국어 문제가 어렵게 출제되는 현상에 대한 타당한 이유 중 하나라는 것은 분명해 보였습니다.

아이가 중3 때 고교 내신 준비를 위해 수학은 2년 정도의 진도 빼기를 진행했습니다. 그리고 영어도 고교 수준의 단어와 독해 책을 공부시키고 있던 상황이었지요. 그런데 국어는 이렇다 할 대비를 하지 않고 있던 터라, 그 엄마의 제안을 바로 받아들였습니다. 그때부터 아이를 고교 국어 지도에 최적화되어 있다는 국어 학원에 보내기 시작했어요. 아이는 고1 모의고사 3개년 기출 문제집으로 공부를 시작했는데, 선생님과 잘 맞아서인지 다른 학원은 몰래 결석해도 국어 학원만은 빠지지 않고 재미있게 다니더군요. 국어 선생님이 수업도 재미있게 잘하셨고 이해심이 많으셔서 사춘기 남자아이를 잘 포용해 주셨나 보더라고요.

6개월 정도 앞서간 국어 선행 학습, 과연 효과가 있었을까요?

제 생각에는 고교 입학 전에
국어에 대한 대비를 한 것은
참 잘한 일이었고, 실제로 효과도 있었어요.

고1 첫 모의고사에서 국어가 어렵게 나와서 시간 내에 문제를 못 푼 친구들이 많았는데, 아들은 국어에서 높은 점수를 받았습니다. 그래서 국어 담당인 고1 담임선생님으로부터 국어에 재능이 있다고 칭찬을 받았지요.

그러면 고교 내신에서 국어 점수를 계속 잘 받았을까요? 이 대목이 참 아쉽습니다. 아이가 학습 능력은 충분해도 성실성이 부족하다 보니, 정해진 시험 범위 내에서 집중적인 반복 학습이 필요한 내신에서 아쉬운 등급을 받았거든요. 국어 내신이 2등급 또는 3등급이었는데, 그래도 노력을 덜 한 점을 감안하면 잘 받은 편입니다. 성실함이 부족한 아이는 고교 국어 내신에서조차도 정해진 범위를 집중해서 반복하는 데 소홀하여 고득점을 받지는 못했습니다.

> 결국 입학 전에 얼마나 미리 공부해서 갔느냐보다는, 입학 후에 얼마나 열심히 노력하느냐가 고교 내신을 더 크게 좌우한다는 사실을 아들을 통해서 뼈저리게 느꼈습니다.

모의고사 국어에서 강세를 보였던 아이는 수능 국어는 어떻게 보았을까요? 2019학년도 대입 수능에서 '불수능'의 주범은 국어였습니다. 그래서 1등급 컷이 80점 중반 정도였어요. 아이의 점수는 80점 초반이라서 아쉽게 2등급을 받았습니다. 그래도 국어에서는 나름대로 선전한 편입니다.

국어가 수능에서 가장 어려운 과목이 된 현실 앞에서, 국어는 우리말이니까 별다른 준비가 필요 없다고 생각하던 시대는 지난 듯합니다. 우리 자녀들은 수능 국어 시험에서 짧은 시간 안에 처음 보는 긴 지문들을 빠르게 읽고 이해해야만 풀 수 있는 문제들을 만나게 됩니다. 이러한 문제들을 잘 풀기 위해서는 독해 능력은 필수입니다.

그런데 이런 국어 실력의 기본기는 하루아침에 쌓이지 않습니다. 어린 시절의 독서에서부터 시작되는 것입니다. 글을 읽고 이해하고 사고하는 능력이 오랜 시간 쌓이고 쌓여서 국어 실력의 기본기가 된다는 점을, 아들의 입시 준비 과정을 지켜보면서 더욱 확실히 깨달을 수 있었습니다.

이것만은 꼭!

중학생 자녀를 두신 분들이라면 고교 국어와 수능 국어가 어렵다는 소문, 들어 보셨지요? 수학이나 영어에 밀려 시험 기간에만 잠깐 공부하는 식으로는 고교 국어에 대비할 수 없습니다. 평소에 자녀가 자신의 수준에 맞는 독서를 조금씩이라도 꾸준히 하도록 유도해야 합니다. 그리고 중학 국어에서도 어휘 학습은 꼭 필요하고, 작품을 분석하기 위한 개념이나 용어는 완전히 익히고 있어야 합니다.

고교생 자녀를 두신 분들 중에는 자녀의 국어 점수가 좀처럼 오르지 않아서 고민하시는 분이 계시죠? 학교 수업 시간에 열심히 들으며 필기했다면, 집에 와서는 내용을 정리하고 복습하는 노력을 꾸준히 해야 합니다. 그리고 모의고사와 수능에 대비하여 국어 모의고사 기출 문제를 풀어 보고, 몰랐거나 잊은 내용을 확인해 가면서 복습을 해야 합니다.

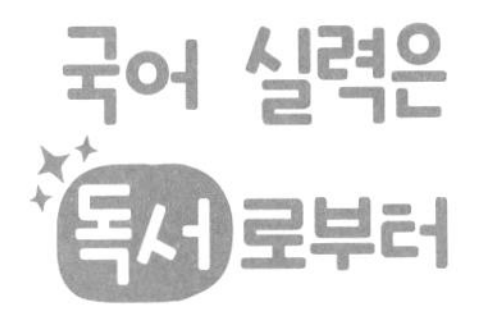

국어 실력은 독서로부터

수능에서 국어가 어렵게 출제되면서 고교 국어에 대한 관심이 뜨거워지고 있습니다. 그래서 고등학교 입학 전에 수학과 영어뿐만 아니라 국어까지 챙겨서 준비시키는 부모님들이 늘어나고 있어요. 그런데도 좀처럼 오르지 않는 국어 점수 때문에 고민하는 학생들이 의외로 많습니다.

수학과 영어도 단기간에 성적을 올리기가 쉽지 않지만, 국어는 더더욱 점수 올리기가 어렵다고 알려져 있어요. 왜 그럴까요?

> 고교 국어에서 단기간에 점수를 올릴 수 없는 이유는 국어 실력이 독서력에서 비롯되기 때문입니다.

독서력은 단순히 글을 읽을 수 있는 정도가 아니라, 이해하고 분석하고 사고하는 힘까지 모두 아우르는 능력입니다. 독서력은 단순 암기처럼 단기간에 집중적으로 노력한다고 길러지는 것이 아니라, 비교적 장기간에 걸쳐 서서히 형성되지요. 15쪽이 넘는 방대한 분량의 지문이 딸린 수능 국어 문제를 80분 안에 읽고 이해하고 분석해서 답을 쓰려면 탄탄한 독서력이 뒷받침되어야 합니다.

사춘기가 늦게 온 우리 아이는 중3부터 고2까지 마음을 못 잡고 학업에 집중하지 못했습니다. 그래서 성실한 태도로 꾸준히 공부해야 좋은 결과를 얻는 고교 내신에서 좋은 성적을 받지 못했어요. 그런데 그 와중에도 국어에서만은 유달리 강세를 보였습니다. 모의고사에서 국어는 대부분 1등급의 성적을 받아왔고, 치열한 내신 경쟁 속에서도 국어 공부에 쏟은 시간이 적었던 점을 감안하면 2~3등급이라는 꽤 괜찮은 성적을 받았습니다.

그 원인을 생각해 보니, 역시 그 뒤에는
탄탄한 독서력이 자리하고 있었습니다.
초등 저학년 때까지 제가 책을 읽어 주거나
아이가 큰 소리로 정독하게 한 게
국어 실력을 쌓는 데 큰 도움이 되었습니다.

한글을 뗐다고 그냥 책을 쥐어 주고 혼자 읽게 놔두지 않고, 엄마가 아이에게, 아이가 엄마에게 읽어 주게 하면서 책을 정독하는 습관을 들였습니다. 책을 읽으면서 상상하고 생각하고 질문하게 했던 방식 또한 좋은 독서 교육이 되었고, 아이에게 평생토록 요긴하게 쓰일 독서력을 길러 주었지요.

초등학교 3학년부터 아이에게 혼자 독서하게 하는 동시에, 독서 토론 수업을 중1 때까지 오랫동안 진행시킨 것도 아이의 독서력을 키우는 데 유익했습니다. 아이가 혼자서 책을 읽는 독립적인 독서에서는 아이가 읽은 내용에 대해 확인받거나 의견을 나눌 기회가 없이 독서가 그냥 독서에서 끝나 버린다는 게 아쉬웠지요.

각자 읽어 온 책 내용에 대해 친구들과 토론하고, 주요 포인트를 짚어 주는 선생님의 멘트도 듣고 내용을 정리해서 글을 쓰는 숙제까지 하는 과정에서, 듣고 말하고 읽고 쓰는 네 가지 언어 기능을 모두 연습할 수 있었습니다.

이에 비해 독서 토론 수업에서는
아이가 또래 아이들과 책 내용에 대해
서로 이야기를 나눌 수 있고,
선생님의 설명과 정리 멘트를
들을 수 있었던 덕분에 책으로 사고하는
훈련을 할 수 있었어요.

이처럼 꾸준히 독서 훈련을 한 덕분에 아들은 중학생 때 국어는 물론, 전 과목에 걸쳐 전교에서 손꼽히는 우등생이 될 수 있었습니다. 그리고 이렇게 차곡차곡 쌓아 올린 독서력은 공부에 흥미를 잃었던 고교 시절에도 급격한 성적 하락을 막아 주는 방패 역할을 담당했지요. 비록 형성되는 데 오랜 시간이 걸리긴 하지만, 한번 형성된 독서력은 두고두고 아이의 학업에 유익하게 작용했습니다.

이것만은 꼭!

자녀가 영어나 수학 학원 숙제를 하느라 따로 시간 내서 독서하기가 힘들지요? 그런데 독서는 모든 공부의 기초이면서 특히 어려워진 수능 국어에 대비하여 국어 실력의 바탕이 된다고 하니 참으로 난감한 일입니다. 중학생은 아직 상대적으로 시간적 여유가 있으니, 틈틈이 자녀의 수준에 맞는 책을 골라서 읽게 하고 조금씩 수준을 높여 나가는 것이 좋습니다. 그리고 단순히 책을 읽기만 하는 데서 그치지 말고, 주 1회라도 독서 토론이나 그룹 토론 프로그램과 연계하는 것도 추천해 드립니다.

고교생 자녀들은 내신과 수능 준비로 인해 따로 독서에 할애할 여력이 많지 않습니다. 그러니 시험 기간이 아닌 휴일이나 방학을 이용해서 교과 심화 독서나 전공 관련 기초 독서를 하게 하세요. 지식 습득과 함께 사고가 확장되고, 학교생활기록부 독서 활동란에 기재도 하는 일석삼조의 효과를 볼 수 있습니다.

미디어를 활용한 언어 학습법

독서의 중요성은 늘 회자되는 내용입니다. 과학적으로 살펴보면, 독서는 뇌 속에 있는 뉴런 세포를 활성화하는 행동 중 하나입니다. 그래서 지속적으로 독서를 하면 기억력과 사고력이 향상된다고 합니다. 예를 들어, 수학 문제만 푼 학생과 독서도 함께 한 학생이 있다고 가정해 봅시다. 수학 문제만 푼 학생의 경우에는 뇌의 특정 부분이 강화되는 효과를 얻게 됩니다. 반면 수학 문제를 풀고 독서도 한 학생은 뇌의 기능이 종합적으로 향상되는 효과를 얻어, 같은 시간 내에 더 많은 문제를 풀 수 있는 능력을 갖추게 됩니다.

그런데 어려서부터 인터넷과 유튜브에 익숙한 세대에게는 독서를 강요하기가 어렵습니다. 그리고 학부모님들 중에서도 미디어를 통한 학습이 가능하다고 생각하시는 분들도 계십니다. 플립 러닝(Flipped Learning)과 같은 수업 방식은 학생들이 수업 전에 교사가 제작한 영상을 보고 미리 학습한 다음, 오프라인 대면 수업에서는 학습 내용을 확인받는 형태입니다. 이러한 수업 방식이 코로나19 사태를 맞아 확산되는 추세이다 보니, 이제 미디어를 활용한 학습은 선택이 아니라 필수라고 할 수 있습니다. 또한 전자책이나 오디오북 같은 형태로 나오는 책들이 있습니다. 이들도 새로운 형태의 '책'이라고 본다면 기존의 독서 방법과 유사하게 진행할 수 있을 것입니다.

그러면 미디어 시대의 새로운 독서 방법은 무엇일까요? 먼저 카드 뉴스나 유튜브 등의 미디어를 스스로 제작해 보는 연습을 해야 합니다. 미디어 독서 매체가 만들어지는 과정을 이해해야만 이것을 읽는 방법도 알 수 있습니다. 텍스트로 된 일반 책의 경우 짧은 문장이나 일기, 에세이, 논술 등을 학교에서 써 본 적이 있으므로 학생들은 책이 어떻게 만들어지는지 알 수 있습니다.

그러나 영상의 경우는 다릅니다. 영상은 전달하고자 하는 메시지를 제작자가 어울린다고 생각한 이미지에 넣습니다. 다시 말해 '공부를 열심히 하자'는 메시지를 전달하기 위해 어떤 사람은 역경 속에서도 학습을 이어나가는 모습을 그린 영상을 넣지만, 다른 사람은 여러 학생이 경쟁하는 가운데 노력하는 모습을 담을 수도 있습니다.

그러므로 유튜브와 같은 영상을 볼 때에는 거기에 담긴 메시지를 읽어내는 것이 중요합니다. 이때 이미지 또는 영상 스토리 자체가 제작자가 전달하려는 것인지, 아니면 특정 메시지를 전달하기 위해서 이러한 장치를 썼는지 구분할 필요가 있습니다. 학부모님들께서는 자녀와 영상을 시청하면서 자녀가 그 영상이 궁극적으로 전달하는 메시지를 찾는 것을 도와주시면 좋겠습니다.

이미지나 스토리 중심의 영상 중에 대표적인 것은 학습 영상입니다. 내신이나 수능 공부를 할 때 많이 보는 '인강'이 그 예지요. 인강을 보면서 공부하는 학생들은 영상을 보는 것만으로도 공부가 된다고 착각하는 경향이 있습니다. 특히 인강 속의 강사들은 내용을 잘 정리해서 전달하기 때문에 귀에 쏙쏙 들어옵니다. 그래서 여러 번 보면 그 과목을 여러 번 학습했다고 착각하게 되지요.

그러나 학습 영상을 볼 때는
그냥 구경하듯 보기만 해서는 안 되고,
그 내용을 노트에 정리해 가면서 읽어야 합니다.

내용 정리를 하면서 영상을 볼 경우, 영상을 보고 나서 글로 쓰는 행동을 반복할 때마다 자신이 쓴 내용이 맞는지 확인하기 위해 영상을 다시 돌려 보게 됩니다. 이 과정에서 학습 내용을 자신의 것으로 만들 수 있는 '기억력'을 사용하게 되지요.

짧은 글을 바탕으로 한 이미지나 영상으로 구성된 카드 뉴스를 읽는 방법은 또 다릅니다. 카드 뉴스를 제작하기 위해서는 관련 자료를 참고해야 하는데, 이 자료를 스스로 찾아보는 연습을 하는 것입니다. 이 과정에서 카드 뉴스가 정확한 내용을 전달한 것인지, 과장은 없는지, 사실과 의견을 구분하지 않고 섞어서 쓴 것은 아닌지 등을 알 수 있지요. 이런 활동을 자녀들과 함께 하시기를 권합니다. 학생들은 평소에 시사를 두루 접하지 못해서 전체적인 맥락을 모르므로 부모님의 도움이나 배경 설명이 필요하기 때문입니다.

이것만은 꼭!

읽는다는 것의 의미를 확장해야 할 시대가 되었습니다. 책을 읽지 않는다고 자녀를 다그치기만 할 게 아니라, 유튜브 시청법, 카드 뉴스 제작법 등 다양한 미디어 독해 방법을 활용하여 미디어 세대에 맞는 자녀 교육법을 실생활에 적용해 주시기를 바랍니다. 특히 카드 뉴스 제작 과정에서는 부모님의 배경지식이 충분히 활용될 수 있습니다. 그런 까닭에 자녀와의 긍정적 관계 형성에 도움이 될 것입니다.

진로 독서와 학생부용 독서는 어떻게 구성하면 될까?

다 같은 독서인데 진로 독서와 학생부용 독서가 뭐 그리 다를까 하는 의문이 드실 것입니다. 그런데 학교생활기록부(이하 '학생부')에 기록되는 독서는 두 가지로 구분하여 살펴보아야 합니다.

> 먼저 '진로 독서'는 자신이 희망하는 진로 영역과 관련된 도서를 읽는 활동입니다. 이에 비해 '학생부용 독서'는 각 과목별로 해당 교과 지식을 이해하는 데 도움이 되거나, 수업에서 배운 지식을 더욱 확장하여 심화 학습을 하기 위한 독서 활동을 가리킵니다.

따라서 이 두 가지 유형에 따라 독서를 할 때, 진로와 교과를 모두 아우르는 독서를 할 수 있습니다.

학생부에서는 독서 활동란을 '교과 독서'와 '공통 독서'로 구분하여 정리해 놓았습니다. '교과 독서'란은 해당 교과의 담당 교사가, '공통 독서'란은 담임교사가 기록하게 되어 있습니다. 이때 공통 독서란에 진로 독서를 기재하는 것이 일반적입니다. 그러니 대입 전형 중 '학생부 종합전형'을 준비하는 학생이라면 독서 활동을 할 때 이 점을 염두에 둘 필요가 있습니다.

다음은 가상으로 꾸며 본 '교과 독서 활동 사례'입니다.

과목	독서 활동 상황
국어1	– 『연금술사』(파울로 코엘료) – 『문학의 이해』(권영민)
실용 영어	– 『오만과 편견』(제인 오스틴) – 『영어를 해석하지 않고 읽는 법』(황준)
사회	– 『경제학 콘서트』(팀 하포드) – 『인권, 세계를 이해하다』(김누리 외)

표 가상으로 꾸며 본 교과 독서 활동 사례 1

표에 제시한 학생부의 독서 활동란을 보면, '국어1' 과목과 연계된 독서 활동으로 문학 작품인 『연금술사』와 문학 이론서인 『문학의 이해』를 읽었습니다. '실용 영어'에서는 영미 문학 작품 하나와 영어 학습법에 도움이 되는 책을 선택하여 읽었으며, '사회'에서는 경제와 인권 분야의 책을 읽는 등 다양한 영역에 관심을 가지고 있다고 보입니다.

심화 학습을 위해 읽은 책이 교과별로 기록되는 교과 독서 활동란은 학생의 학문 탐구 능력과 심화 학습 역량을 보여 주는 자료입니다.

그러므로 교과 독서는 학생이 실제로 고교에서 교과목을 이해하고 학습하는 데 도움을 받은 책을 기록하는 것이 좋습니다.

이에 비하여 진로 독서의 경우, 학생이 희망하는 계열이나 학과와 관련된 독서 활동을 가리킵니다. 진로 독서는 전공이나 계열에 대한 관심, 진로 탐색 노력을 입증하는 자료로 많이 활용됩니다. 진로 독서는 담임선생님이 기록하는 공통 독서란에 넣지만, 특정 교과가 해당 진로와 관련성이 있을 때는 교과 독서란에 넣을 수도 있습니다.

과목	독서 활동 상황
경제	–『경제학 콘서트』(팀 하포드) –『세계 경제가 만만해지는 책』(랜디 찰스 에핑)
공통	–『청소년을 위한 경제학 에세이』(한진수) –『바보 아저씨의 경제 이야기』(바보 아저씨) –『퇴근길 인문학 수업: 뉴노멀』(김경미 외)

표 가상으로 꾸며 본 교과 독서 활동 사례 2

표의 사례에서 보듯, 경제 과목의 교과 독서란에 독서 활동이 기록되어 있고, 공통 독서란에도 경제와 관련된 독서 활동이 기록되어 있습니다. 학생부 종합전형에서는 이러한 독서 활동을 보고 '경제' 분야에 관심이 있는 학생이라고 판단하게 됩니다.

따라서 이 부분을 정확히 모르고서는 자칫 진로 독서나 교과 독서 중 한쪽에만 치중하는 우(遇)를 범할 수 있습니다. 실제로는 두 가지 유형의 독서 활동을 모두 진행하는 것이 중요합니다.

독서 활동은 학업에 기울인 노력과 탐구력, 심화 학습 능력 등의 학업 역량을 보여 주는 주요 지표이기 때문입니다. 특히 영재고에서는 학생부 항목의 모든 부분을 보기 때문에 독서 활동까지도 꼼꼼하게 챙겨야 합니다.

중학생의 경우
영재고나 특목고, 자사고를 준비할 때
독서 활동의 기록이 중요합니다.

고등학생의 경우에는 수시 준비에서 학생부 종합전형을 한 번쯤 생각해 보게 됩니다. 수시의 학생부 종합전형에서 독서 활동은 학생부의 여러 기록 사항과 함께 평가의 주요 지표가 될 수 있습니다. 학생부 독서란에 기재되어야 할 책이 한 학기당 몇 권 정도인지 궁금해하는 학부모님들이 많습니다. 이러한 질문에 대해 '양보다는 질이 중요하다'는 취지에서 답변을 드리고 있습니다. 현실적으로 고교생이 독서에 따로 시간을 낼 수 있는 경우는 많지 않으므로, 몇 권의 책을 읽었느냐보다는 무슨 책을 얼마나 제대로 읽었느냐가 중요합니다. 그런 의미에서 고등학교 1학년 때부터 교과와 진로 분야의 독서 계획을 세워서 꾸준히 읽어 나갈 필요가 있습니다.

비단 학생부 기록뿐만이 아니라
실제로 독서에서 얻는 효용이 크기 때문에,
독서하는 습관을 만들기 위해 책을 읽기를 권합니다.

이것만은 꼭!

독서 활동이 학생부 기록에 반영되는 것은 2023학년도 대입까지입니다. 2024학년도 대입부터는 학생부 기록에 기재는 되지만 대입에는 반영되지 않습니다. 입학 사정관들이 독서 활동 내역을 볼 수 없게 된다는 뜻입니다. 따라서 독서 활동의 입시 반영 유무에 대해 고려하실 필요가 있습니다. 그럼에도 독서 그 자체는 자녀의 지적 능력 향상에 중요한 의의를 지니는 활동이기 때문에 평소 독서에 소홀하지 않도록 지도해 주십시오.

2장

내신 수학과 수능 수학

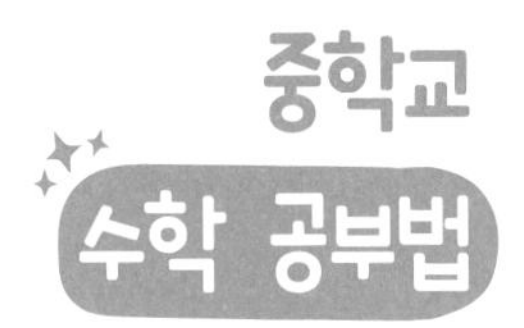

중학교 1학년 첫 수학시험을 치르고 나면 학생들은 자신의 공부 방법을 되돌아보게 됩니다. 생각한 만큼 성적이 안 나오기 때문입니다.

그런데 거기에는 그럴 만한 이유가 있습니다. 초등 수학은 주로 계산력 측정에 초점이 맞추어 시험을 출제합니다. 하지만 중학교 수학에서는 개념을 이해하고 이것을 적용하는 능력까지 평가합니다.

> 그렇다 보니 무작정 문제만 많이 푼 학생들은
> 약간 변형된 문제에 당황하거나
> 곰곰이 개념을 생각해서 풀어야 하는 문제 때문에
> 풀이 시간에 쫓길 수밖에 없습니다.

따라서 이러한 차이점을 학부모님께서 이해하신다면, 자녀들을 위해 어떻게 지도해야 할지 방향을 잡으실 수 있습니다.

다음 표는 중학교 수학을 영역별로 내용을 제시해 주고 있습니다. 중학교 수학 영역은 크게 5개의 영역으로 되어 있으며, 이것이 1학년부터 3학년까지 이어지게 됩니다. 그 중 확률과 통계 부분만 따로 떨어져 있고, 그 외의 영역은 연결되어 있습니다.

학기	영역	1학년	2학년	3학년
1학기	수와 연산	소인수분해	유리수와 순환소수	제곱근과 실수
		정수와 유리수		
	문자와 식	문자의 사용과 식의 계산	식의 계산	다항식의 곱셈과 인수분해
		일차방정식	일차부등식과 연립일차방정식	이차방정식
	함수	좌표평면과 그래프	일차함수와 그래프	이차함수의 그래프
			일차함수와 일차방정식의 관계	
2학기	기하	기본 도형	도형의 닮음	삼각비
		작도와 합동		
		평면도형의 성질	피타고라스의 정리	원의 성질
		입체도형의 성질		
	확률과 통계	자료의 정리와 해석	확률과 그 기본 성질	대푯값과 산포도
				상관관계

(표) 2015 개정 교육과정 중학교 수학 학년별 목차

그러면 중학교의 5개 영역별로 체크해야 할 사항들은 무엇인지 알아보면서 학습 방법을 알려드리겠습니다.

수와 연산을 공부할 때 주의해야 할 것은?

중학교 수학에서는 소인수, 유리수, 복소수 등 한자로 된 수학 용어가

많이 나옵니다. 신세대 학생들은 한자보다는 한글과 컴퓨터가 익숙해서 한자가 섞인 표현을 어려워합니다. 그래서 수학 용어의 뜻부터 풀이해 주시는 것이 필요합니다.

또 중학 수학에서는 새로운 수 개념이 등장하는데, 자연수를 넘어서 음수, 유리수, 실수 등 수 개념이 확장되었습니다. 그래서 수 개념과 그에 따른 예시를 학생 스스로가 제시할 수 있는지 체크해 주시면 좋습니다.

수학 공부를 할 때에는 외울 것과 이해할 것을 구분하는 것이 중요합니다. 개념을 이해하되 공식은 암기해야 하며, 자주 나오는 문제 유형은 숫자를 바꿔도 풀 수 있도록 암기하는 동시에 이해하는 것을 권해 드립니다.

문자와 식을 공부할 때 주의해야 할 것은?

문자와 식 영역에서는 다양한 식을 세울 수 있는 힘을 길러야 합니다. 스토리텔링 수학의 영향으로 문장으로 된 상황이 제시되면 이를 식으로 나타내야 합니다.

그런데 식을 잘못 세우는 경우도 있지만, 주어진 문제의 상황 자체를 잘못 이해하는 경우도 많습니다. 문제마다 주어지는 상황이 다르다 보니, 식을 어떻게 세워야할지 감을 못 잡는 것입니다. 이럴 때는 문제마다 바로 답을 구하려고 하지 마세요. 그리고 교과서, 익힘책, 문제집에 등장하는 문제 유형을 몇 가지로 정리해 보고 나서 풀이 방법을 고민해 보는 것을 추천해 드립니다.

함수를 공부할 때 주의해야 할 것은?

함수라는 말 자체를 어렵게 생각하는 학생들이 많습니다. 함수에서 우리가 모르는 어떤 식에 숫자를 하나 넣어서 나오는 숫자를 보고 그 식이 무엇인지 또는 다른 값을 넣으면 어떤 값이 나올지 알아내는 것을 배우게 됩니다.

고교 수학의 경우에는 유리함수, 무리함수, 로그함수, 지수함수, 삼각함수 등 다양한 함수가 나타나면서 함수 파트가 '수포자 양산'의 주범이 되기도 합니다. 또 원과 도형 등이 함수 안으로 들어오게 되며, 함수를 통해 도형을 표현할 수도 있습니다.

따라서 중학교 때 처음으로 배우는 함수를
제대로 이해하고 넘어가야만 고등학교에 가서도
수학에 흥미를 잃지 않고 학습할 수 있습니다.

기하를 공부할 때 주의해야 할 것은?

기하 영역은 중학교 때 배우는 내용과 고등학교 때 배우는 내용 사이의 차이가 크지 않습니다. 수학에 관심이 높은 학생이라면 중학교 기하 영역을 심화하여 고등학교 기하까지 연속으로 학습할 수도 있습니다. 2022학년도 수능 선택 과목에서 '기하'의 출제 범위가 줄어들었기 때문입니다.

즉 고등학교 2015 개정 교육과정에서는
기하에서 어려운 부분으로 꼽히는
'공간벡터'가 빠지게 되었습니다.

그 결과 '이차곡선', '평면벡터' 그리고 '공간도형과 공간좌표'라는 세 개의 단원으로 구성되어 있습니다.

이렇게 수능의 관점에서 보면 인문 계열로 진로를 선택한 학생들이 기하 부분을 다시 배울 일은 없을 수도 있습니다. 하지만 자연 계열을 선택한 학생들은 대학에서도 기하를 학습해야 하므로 중학교 때부터 기초를 탄탄히 해 두어야 합니다.

확률과 통계를 공부할 때 주의해야 할 것은?

확률과 통계 부분은 수능까지 염두에 둔다면 가장 중요한 단원이라고 볼 수 있습니다. 수능 수학은 '공통 문제+선택 문제'로 구성됩니다. 이때 선택 문제에서는 '확률과 통계, 미적분, 기하' 중 1과목을 고르게 됩니다. 진로를 인문 계열로 잡고 있는 학생들은 대부분 확률과 통계를 선택합니다.

일부 자연계 학생들 중에서 중위권 학생들도 고득점을 노리고 확률과 통계를 선택하는 경우가 있습니다. 따라서 중학교 때 확률과 통계에서 배운 내용을 완벽하게 정리해 두는 것이 관건이라고 볼 수 있습니다.

게다가 최근 들어 빅데이터 사이언스를 이해하는 것이 중요해졌습니다. 굳이 컴퓨터공학을 전공으로 선택하지 않더라도 지금의 학생들이 성인이 되었을 때는 통계적 지식이 상식으로 자리 잡을 것입니다.

이것만은 꼭!

수학은 학년별 학습 내용이 밀접한 연계성을 지니도록 구성되어 있습니다. 그래서 특정 부분을 집중적으로 공부하기보다는 '균형과 연계성을 고려한 학습 계획'을 세울 필요가 있습니다. 특히 함수를 이해하면 문자와 식 그리고 기하가 쉽게 풀리므로 함수 파트에 대한 이해가 중요합니다. 또 확률과 통계는 수능 수학과도 연결되는 까닭에 중학교 때 꼼꼼하게 정리할 필요가 있습니다.

한편 특목고와 자사고를 준비하거나 고교 수학에서 높은 수준의 학습을 원하는 학생들은 기하 파트를 철저하게 학습하기를 권합니다. 이 부분에서 배치고사 출제 비율이 높으며, 수능 수학 중에서 미적분과 기하와 연결되기 때문입니다.

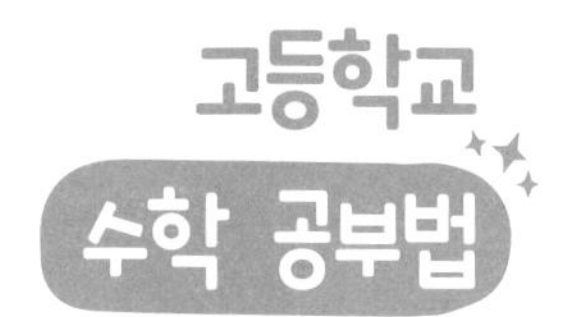

고등학교 수학 학습법은 기본적으로 개념과 응용이라는 키워드로 접근해야 합니다. 중학교 때와 달리, 일정한 패턴이나 문제집의 유형 문제가 아니라 개념을 기반으로 창의적 풀이를 유도하는 문제를 출제하기 때문입니다. 그래서 특정 개념과 다른 개념을 연결하는 경우, 사례에 개념을 적용하는 경우 등 다양한 문제 출제 유형이 존재할 수 있습니다. 이러한 맥락을 이해하신다면, 문제집을 풀기 전에 먼저 개념을 익혀야 합니다. 그리고 문제 풀이 과정에서 개념이 어떻게 적용되고 변형되었는지에 초점을 맞춰서 학습하고 기출 문제를 분석해야 합니다.

학교에서 수업 받은 내용을 토대로 내신 문제가 출제됩니다. 그렇다보니, 수업시간에 집중하고 선생님께서 말씀하신 것을 필기해 놓는 습관이 내신 성적을 좌우하게 됩니다.

지필고사와 수행 평가 점수를 합쳐서 내신 성적을 내기 때문에 수행 평가까지 꼼꼼하게 챙기는 것이 중요합니다.

특히 수학 수행 평가에서는 개념 증명하기, 프로젝트 학습 과정 및 결과물 평가, 주관식 평가 등 학교마다 다양한 유형이 출제되고 있습니다. 따라서 학기 초에 수학내신 평가 기준을 알아보고 이에 맞게 대비해야 합니다.

기본적으로 수능이나 모의고사 수학은 표준화된 문제형태로 출제되기 때문에 내신시험과 난이도 차이가 존재하게 됩니다. 내신이 쉽게 출제되는 학교시험에 익숙해진 학생들은 모의고사를 어렵게 느끼기도 합니다. 그러므로 모의고사와 내신학습을 균형있게 한다는 점을 명심하고 수학에서 배운 단원을 복습할 때는 내신과 수능문제를 모두 풀어보면서 학업역량을 키워나가야 합니다.

내신 수학과 수능 수학을 모두 준비하기 위한 실력을 기르기 위해 학생에게 맞는 수학 기본서를 준비하는 것을 추천해 드립니다. 문제 풀이 위주의 문제집보다는 원리와 개념을 더욱 자세하게 설명해 주고 있는 정석, 바이블과 같은 다양한 이론서들을 먼저 공부할 것을 권해 드립니다. 수학 기본서를 선택하는 기준은 다음과 같습니다.

- 개념 설명이 쉽게 되어 있는가?
- 주요 개념의 공식 유도과정이 충분히 적혀 있는가?
- 스스로 학습하기에 분량은 적절한가?

이런 기준으로 기본서를 준비한 다음에는 학습 방법을 찾아야 합니다. 수학 학습법으로 자주 사용되는 것 중 하나는 '빈 종이 채우기' 학습법입니다. 이것은 특정 단원의 진도가 나간 뒤에 주요한 공식들을 빈 종이에 스스로

써 보면서 이해 정도를 스스로 점검하는 것입니다. 예를 들어, 인수분해 단원을 학습했다면 주요한 인수분해 공식을 써 내려가야 합니다. 이런 학습법은 높은 집중력과 암기력을 요구합니다. 그래서 처음에는 어렵겠지만 습관이 들면 수학뿐 아니라 모든 과목의 학습 시간을 줄일 수 있을 정도로 효율성이 높은 방법입니다.

빈 종이 채우기 학습법을 하면서 특정 분량을 소화해 낼 수 있는 시간을 체크해 둡니다. 이것을 기반으로 일주일치 학습량을 정할 수 있습니다. 체력 소모까지 고려해서 공부 시간과 학습 범위를 구성해 볼 수 있습니다. 그리고 점점 속도가 붙으면 학습 분량을 늘려 나가는 방식으로 새롭게 학습 계획을 세우면 됩니다. 동시에 일주일치 학습량을 공부한 다음, 다음 분량으로 넘어갈 때마다 1~2시간 자투리 시간을 투자해서, 지난주에 학습한 내용을 복습하는 시간을 가져야 합니다. 그렇게 하여 학습 내용을 축적해 나가는 습관을 기르게 되면 수학 성적 향상을 기대할 수 있습니다.

수학은 눈으로 푸는 과목이 아니라 손으로 직접 식을 세우고 풀이 과정을 쓰면서 공부해야 하는 과목입니다.

> 고교 수학에서 문제에 접근하기 위해서는
> 해당 개념에 대한 이해가 철저히 되어 있어야 합니다.
> 기초가 튼튼해야 하는 것이죠.

학생들은 공식 암기가 개념 학습인 것으로 착각하는 경우가 많습니다. 그러나 공식은 개념을 한 줄로 표현한 것에 불과하고 진짜 개념은 공식이 나오기까지의 전체 과정을 의미합니다. 수학 교과서나 이론서에서 어떤 개념을 새로 소개할 때 페이지 절반 정도에 해당되는 긴 설명이 나오는데, 이것이 바로 개념 설명입니다.

그런데 문제에 접근하는 개념을 제대로 파악하고 식을 맞게 세웠어도 복잡하고 긴 풀이 과정에서 계산 실수를 하는 경우가 흔히 발생합니다. 그래서 "나는 수학에서 틀린 게 아니라 산수(계산)에서 틀렸어."라고 말하며 아쉬워하는 고교생들이 생각보다 많습니다. 고교 수학에서는 개념 이해와 공식 암기, 적용, 그리고 세부적인 계산까지 모두 필요합니다. 일정 부분 암기할 것은 암기하고 이해할 것은 이해하면서 공부하고, 풀이 과정에서도 계산까지 실수 없이 해내야 한다는 점에서 수학은 참으로 까다로운 과목입니다.

이것만은 꼭!

내신 시험에 대비하기 위한 수학 공부법의 핵심은 학생 스스로가 얼마만큼의 문제를 어느 정도의 시간 내에 풀어낼 수 있느냐를 확인하는 것입니다. 이런 학습 역량에 대한 객관적인 지표를 마련해야만 정확하게 학습 계획을 세우고 이를 실천할 수 있기 때문입니다. 계획을 세우는 과정에서 자신이 선호하는 학습 스타일이나 체력적인 면도 충분히 고려하여 실천 가능한 학습 계획을 세우기를 바랍니다.

고교 교육 과정표를 통해 본 내신 수학 난도

2015 개정 교육 과정에 따라 고교에서 문과와 이과 통합교육 과정이 시행되고 있습니다. 이 교육 과정을 시작한 학년의 학생들이 대입을 치르는 2022학년도 대입부터 수능 체제가 달라지면서 큰 변화가 일어나게 되었습니다. 수능 수학에서 공통 영역 외에 '확률과 통계', '미적분', '기하' 중 하나를 선택하여 치르게 됩니다. 즉 문과형 수학, 이과형 수학 구분 없이 학생 개인의 선택에 의해서 수능 수학 영역 시험을 보게 된 것이지요.

인문 계열 학과를 지망하는 학생들은 이 세 개의 선택 과목 중에서 비교적 쉬운 '확률과 통계'를 선택할 가능성이 높습니다. 그러나 자연 계열 학과 지망생들은 대학별 기준에 따라 다른 선택을 할 수도 있습니다. 대체로 중하위권 대학에서는 '확률과 통계'를 선택해도 진학이 가능한 경우가 있습니다. 한편 공과 대학이나 의예과, 중상위권 이상의 대학에서는 '미적분'이나 '기하' 중에서 선택하도록 하고 있습니다.

그런데 여기서 유의할 점은 고교 교육 과정 편성표에 따르면, '기하'는 진로 선택 교과목에, '확률과 통계'와 '미적분'은 일반 선택 교과목에 해당된다는 것입니다. 쉽게 말씀 드리면, '확률과 통계' 와 '미적분'은 고교생들이 학교에서 모두 배우는 과목입니다. 이에 비해서 '기하'는 진로 선택이기 때문에 일부 고교에서 '기하' 과목을 선택하는 학생이 극소수일 경우에는 아예 이 과목 자체가 개설되지 않아서 학교에서 배울 수 없는 일이 생길 수도 있습니다.

다음에 제시하는 '교육 과정 편성표'를 먼저 보시길 바랍니다.

교과(군)	공통 과목	선택 과목	
		일반 선택	진로 선택
국어	국어	화법과 작문, 독서, 언어와 매체, 문학	실용 국어, 심화 국어, 고전 읽기
수학	수학	수학Ⅰ, 수학Ⅱ, 미적분, 확률과 통계	실용 수학, 기하, 경제 수학, 수학 과제 탐구
영어	영어	영어 회화, 영어Ⅰ, 영어 독해와 작문, 영어Ⅱ	실용 영어, 영어권 문화, 진로 영어, 영미 문학 읽기

표 교육 과정 편성표

표에서 '수학Ⅰ'과 '수학Ⅱ'는 수능 수학에서 공통으로 출제되는 과목입니다. 그리고 '확률과 통계'와 '미적분'은 모든 고교생이 정규 교과 시간에 일반 선택으로 배우는 과목입니다. 이때 주의할 점은 일반 선택 교과의 내신은 9등급제로 운영되는 반면에, 진로 선택에 배정된 '기하' 교과의 내신은 A/B/C의 3단계 절대평가제로 운영된다는 것입니다.

이제 수학 내신 이야기를 해 보겠습니다. 표에서 보듯 국어, 영어, 수학이 공통 과목으로 되어 있습니다. 예전에는 문과반, 이과반이 나뉘었지만, 이제는 문·이과 구분 없이 공통으로 배우게 되고, 내신도 한 학년 전체를 대상으로 평가하게 됩니다. 그러면 어떤 현상이 벌어질까요?

이과 성향의 학생들은 수학에서 고득점을 받고, 문과 성향의 학생들은 그렇지 못할 것으로 보입니다. 그렇다 보니, 고교 내신 시험에서 수학 난도를 높이면 문과형 학생들은 내신 3등급 정도에 머무는 반면, 이과형 학생들이 1, 2등급을 모두 차지하는 게 일반적입니다.

그러면 내신 수학을 쉽게 출제해야 할까요? 그렇게 되면 만점자가 많거나 상위권 동점자가 많아져서 1등급이 아예 사라지는 현상이 나타나기도 합니다. 그러니 고교에서는 수학 내신에서 변별력을 갖춘 비교적 어려운 문제를 출제할 수밖에 없는 상황입니다.

고교 내신 시험의 난도는 어떻게 예측할 수 있을까요? 다음의 표를 해석하면서 내신 시험의 난도를 예측해 보겠습니다.

항목	유형	1학기	2학기	1학기	2학기
A고교	일반고	4(수Ⅰ)	4(수Ⅱ)	4(영어Ⅰ)	4(영어Ⅱ)
		2(확률과 통계/실용 영어) 택 1 × 2			
B고교	일반고	4(수Ⅰ) 2(확률과 통계)	4(수Ⅱ) 2(확률과 통계)	4(영어Ⅰ)	4(영어Ⅱ)
C고교	일반고	5(수Ⅰ)	5(수Ⅱ)	4(영어Ⅰ)	4(영어Ⅱ)
D고교	자공고	3(수Ⅰ)	3(미적/수Ⅱ) 택1	3(영어Ⅰ)	4(영어Ⅱ)

표 경기도 지역 고교의 교육 과정표(일부)

이 표는 고교별 2학년 수학과 영어 교육 과정의 편성을 보여 줍니다. A고교는 1학기 때 '수Ⅰ'을 주당 4시간씩 배우게 됩니다. 그리고 2학기에는 '수Ⅱ'를 주당 4시간씩 배우지요. 주당 2시간은 '확률과 통계' 또는 '실용 영어' 중에서 하나를 선택하도록 되어 있군요. 이 표만 보고 A고교의 수학 시험 난도를 예측해 본다면, 한 학기에 수학 교과 한 과목 진도를 나가야 하므로 넓은 진도 범위에서 '중하' 수준의 문제를 낼 것으로 예상됩니다.

이를 C고교와 비교한다면 어떨까요? C고교의 경우 수학 교과 한 과목을 주당 5시간씩 나가게 됩니다. 그러므로 A고교보다 수학을 주당 1시간 더 배우기 때문에 C고교의 수학 시험 난도가 조금 더 어려울 것으로 예상됩니다.

결국 시험 난도는
해당 교과의 한 학기당 배분 시간에 따라
결정된다고 볼 수 있습니다.

수업 시간이 적으면 진도 나가기 바빠서 기본 문제를 주로 다루고 시험 문제도 어렵게 내기 힘듭니다. 하지만 수업 시간이 많으면 심화 문제도 다룰 여유가 되므로 내신 시험 문제가 어렵게 출제될 확률이 높지요.

그런데 B고교는 학생들의 내신 부담이 더 큽니다. 한 학기에 수학 교과 두 과목의 진도를 동시에 나가기 때문입니다. '수Ⅰ'과 '수Ⅱ'는 그대로 진도를 나가지만, '확률과 통계'를 동시에 나가기 때문에 시험 준비 부담이 큽니다. 만약 중간고사나 기말고사를 치를 때 '수Ⅰ' 또는 '수Ⅱ'와 '확률과 통계'를 같은 날에 본다면 어떻게 될까요? 이날은 '수학 데이'라고 불리면서 학생들은 수학 시험 준비에 엄청나게 열을 올려야 할 것입니다.

한편 '자공고', 즉 자율형 공립 고등학교인 D고교를 보면, 선뜻 이해가 안 되는 교육 과정 편성이 눈에 띕니다. 여름방학을 이용하여 자기 주도 학습을 한 학생들이 2학기에 '미적분'을 선택할 수도 있습니다. 그러나 학생들은 대개 '미적분'을 어려워하기 때문에 일부 학생들만 선택할 것으로 보입니다.

이것만은 꼭!

수학 내신 문제의 난도를 알아보는 또 다른 방법은 시험의 표준편차를 활용하는 것입니다. 표준편차가 16이면 평균적인 시험에 속하지만, 10 이하로 나온다면 어려운 시험입니다. 대체로 학교 시험에서 수학 교과의 표준편차가 8~10이 나와야 수능 수학 준비에 적당한 수준이라고 볼 수 있습니다. 이렇게 수학 시험의 표준편차를 활용하면 자녀가 다니는 고교의 수학 내신 시험의 난도를 대략적이나마 알아보실 수 있으니, 이 점도 참고하시길 바랍니다.

내신 수학과 수능 수학의 난도 차이는 왜 생길까?

어느 입시 기관에서 전국의 전교 1등 학생들 중 일부를 대상으로 수능 성적 분포를 조사한 적이 있습니다. 그런데 그 결과는 충격적이었습니다. 내신 '전교 1등'들이 수능 시험에서 얻은 국어/영어/수학 영역의 평균 등급이 '3.5등급'이었던 것입니다. 특히 수능 수학 등급과 내신 수학 등급의 차이가 컸는데, 그 이유는 무엇일까요?

내신 수학은 전체 재학생의 수준을 고려하여 출제하므로 난도가 학교마다 다릅니다. 그래서 특정 학교의 수학 내신을 잘 받았다고 수능 수학에서도 그러리라는 보장이 없습니다. 교육 특구의 경우 내신 수학 시험 문제의 난도가 높고, 특목고와 자사고도 내신 수학 시험이 어렵게 출제됩니다.

일반고에서는 수학을 어려워하는 학생들이 많습니다. 그래서 수학 문제를 어렵게 내면 수학 평균이 30점 미만으로 내려가 내신 난도 조절에 실패하는 경우가 발생합니다. 그렇다 보니 쉬운 문제를 지필 고사에 많이 배치하거나, 수행 평가 비중을 높여서 기본 점수를 주는 것 중 하나를 선택하여 수학 내신 시험을 출제하게 됩니다. 그리고 일반고 중에서도 비교적 학력 수준이 높은 곳에서는 수능 특강 교재의 문제를 변형하여 수학 내신 시험을 출제함으로써 변별력을 높이기도 합니다.

이처럼 수학 내신 시험은 고교별로 학생 수준과 특수한 상황을 고려하여 난도를 조절해서 출제하는 반면, 수능 수학은 개념과 적용이라는 객관적 차원에서 문제를 내고 변별력을 확보한 엄선된 문제를 출제합니다. 그러니 수능 수학이 상대적으로 더 어렵게 느껴질 수밖에 없지요.

수능 수학이 어렵게 출제되는 또 다른 이유는 바로 의학 계열 지원자와 관련이 있습니다. 2021학년도 대입 수능까지는 수학 '가'형(이과형)과 수학 '나'형(문과형)으로 구분되었습니다. 상식적으로 생각하면 수학 '나'형이 더 쉬울 것 같지요. 하지만 일부 의과 대학에서는 수학 '나'형과 과학 탐구를 선택하여 시험을 보게 해 놓았고, 한의대에서는 문과형 학생들도 선발합니다. 그렇다 보니 수학 '나'형에서 1등급을 받을 수 있는 학생들 중 상당수는 의료 계열 지원자들입니다. 그래서 고교 재학생들이 수능 수학을 아무리 열심히 준비해도 실제 수능에서 1등급을 받기가 어렵지요.

이제 그 유명한 수능 수학의 킬러 문항에 대해서 알아보겠습니다. 다음 표는 2020학년도 대입 수능의 수학 '가'형과 '나'형에 출제되었던 수학 문제의 오답률을 문항별로 정리한 것입니다. 표를 보시면, 대부분의 학생이 특정 문항의 수학 문제를 풀지 못한다는 것을 알 수 있습니다. 2021학년도 대입까지 수능을 기준으로 볼 때, '킬러 문항'으로 불리는 것은 수학 '가'형과 '나'형 모두 21번, 29번, 30번 문항입니다.

수학 '가'형				수학 '나'형			
문항 번호	오답률	정답률	풀이 시간	문항 번호	오답률	정답률	풀이 시간
21	62.0%	38%	50~60분	21	86.3%	13.7%	50~60분
29	93.7%	6.3%		29	92.3%	7.7%	
30	95.0%	5%		30	96.7%	3.3%	

(표) 2020학년도 대입 수능 시험 수학 영역의 사례

수능 수학 영역은 총 30문항에 시험 시간 100분입니다. 킬러 문항을 해결에 걸린 평균 시간이 약 60분임을 감안하면, 최상위권 학생들은 일반 문항 27개를 푸는 데 40~50분 정도가 소요됩니다. 한 문제당 평균 1.5분~2분 정도 걸리며, OMR 카드가 마킹 시간을 빼면 1문제당 1분에서 1분 30초 이내로 푸는 셈입니다. 문제를 보자마자 쉬운 문제는 암산으로 바로 답이 나오는 경지에 올라야 한다는 것을 알 수 있지요. 25번 주관식 문항(3점)에서 어려운 문제가 나올 때도 있으므로, 수능 수학에서는 3~4개의 킬러 문항을 풀 수 있는 학생과 그렇지 않은 학생으로 구분할 수 있습니다.

그러면 수능 수학은 어떻게 준비해야 할까요? 수능 수학 영역 준비를 위해서 일반적으로 문과형 진로를 생각하는 학생은 '확률과 통계'까지, 이과형 진로를 생각하는 학생은 '미적분'까지 공부한다고 합니다.

그런데 자연계형 논술에서는 '기하'까지 출제하는 대학들이 있습니다. 특히 의학 계열 논술의 경우 '기하'까지 출제하는 대학들이 많습니다. 따라서 논술 전형을 준비하는 학생들 중 일부는 '기하'까지 선택해야 합니다.

한편 수학이 약한 자연계형 학생들은 '확률과 통계'까지 준비할 것입니다. 중하위권 대학들은 자연 계열 학과의 수학 선택 과목에서 '확률과 통

계'도 인정하기 때문입니다. 게다가 수시 전형에서 수능 최저학력기준을 맞추는 학생들 중에 수학을 포기하고 국어와 영어, 탐구 과목을 준비하는 경우도 '확률과 통계'를 선택할 가능성이 높습니다. 결국 수능 수학의 과목 선택은 자신이 준비하는 전형의 종류와 지망 대학에 달려 있습니다.

한편 고3 때 교과 편성에도 주목해야 합니다. 소속 고교에서 '확률과 통계'와 '미적분'이 1학기와 2학기로 나눠서 편성되어 있다면, 실제로 수능 전까지 진도를 겨우 나갈 수 있습니다. 이럴 때에는 방학을 이용하여 진도를 빼 주기도 합니다. 그러나 재학생들은 '확률과 통계', '미적분' 등 수능에서 선택할 교과목의 진도를 2학년 겨울방학부터 미리 빼 두는 게 좋습니다.

이것만은 꼭!

내신 성적은 좋은데 그에 비해 수능 점수가 잘 안 나오는 학생들이 종종 있습니다. 수능 시험의 경우 최상위권 학생들을 변별해야 하기 때문에 몇몇 문제가 어렵게 나오기 마련입니다. 따라서 고등학교 2학년 여름방학부터 수능 문제를 서서히 접하게 함으로써, 내신 시험과 수능 시험 간의 난도 차이를 극복하도록 유도할 필요가 있습니다.

수학 과목 선택형 수능 시대를 어떻게 대비해야 할까?

2022학년도 대입부터 수능 수학의 출제 범위가 바뀝니다. '수학Ⅰ'과 '수학Ⅱ'는 공통 출제 범위에 해당되고, 수험생들은 '확률과 통계 / 미적분 / 기하' 중 1과목을 선택하게 됩니다. 이를 표로 나타내면 다음과 같습니다.

공통 범위	선택 범위(택 1)		
	선택 1	선택 2	선택 3
수학Ⅰ·Ⅱ	확률과 통계	미적분	기하
22문항 내외	8문항 내외		
선택형 70%, 단답형 30%			

언뜻 보기에는 선택 과목 중 '기하'의 문제 수준이 가장 높을 것 같습니다. 그러나 '확률과 통계'는 문과형 학생들이, 미적분은 이과형 학생들이 많이 선택할 것으로 예상됩니다. 그러므로 문제 수준은 '확률과 통계'와 '미적분'이 '기하'에 비해 더 어려울 것이라고 볼 수도 있습니다.

이런 난도 예측의 바탕이 되는 자료는 매년 6월과 9월에 치르는 한국교육과정평가원의 수능 모의고사 결과입니다. 즉 수능 수학 선택 과목의 표준편차를 통해서 전체 난도를 알 수 있고, 문항별 오답률(정답률)을 통해 개별 문항의 난이도를 이해할 수 있지요.

이제는 실제로 수능 수학을 대비하는 방법에 대해서 알아보겠습니다. 공통 출제 범위인 수학 Ⅰ·Ⅱ를 중심으로 살펴봅시다.

수학 I		수학 II	
대단원	비고	대단원	비고
1. 지수		1. 함수의 극한	
2. 로그		2. 함수의 연속	
3. 상용로그		3. 미분계수	
4. 지수함수와 로그함수		4. 도함수	
5. 지수함수의 활용		5. 접선의 방정식과 평균값 정리	
6. 로그함수의 활용		6. 증가, 감소와 극대, 극소	
7. 삼각함수의 뜻		**7. 도함수의 활용**	**최고 난도**
8. 삼각함수의 그래프		8. 부정적분	
9. 삼각함수의 활용	**최고 난도**	9. 정적분	
10. 등차수열		10. 정적분의 응용	
11. 등비수열		11. 정적분의 활용	
12. 수열의 합			
13. 수학적 귀납법	**최고 난도**		

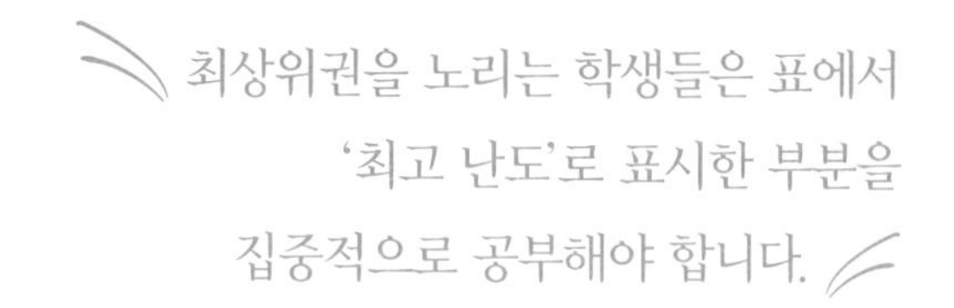

'수학Ⅰ'에서 '삼각함수의 활용'은 문과형 학생들에게 어려운 부분입니다. 중학교 때 배운 도형 파트(도형의 성질)를 정확히 알고 있어야 하기 때문입니다. 그리고 '수학적 귀납법'에서 다루는 내용 중에서는 여러 가지 수열이 어렵습니다. 규칙성을 찾아내기 어려운 수열 문제는 킬러 문항에서도 종종 발견됩니다.

'수학Ⅱ'에서는 '도함수의 활용' 부분이 2021학년도까지의 수능에서도 수학 '가'/'나' 영역 모두 30번 킬러 문항으로 자주 출제됩니다. 아마도 학교 내신 시험에서는 해당 단원의 최고 난도 문제가 쉽게 출제될 확률이 높습니다. 그 단원에서 다루는 내용 자체가 어렵기 때문입니다. 상위권 학생들은 이 부분을 집중적으로 공부해야 합니다.

그러나 오히려 중하위권 학생들은 수능을 준비할 때 '도함수의 활용' 부분을 뛰어넘고 다른 문제를 푸는 유연성을 가져야 합니다.

수능 수학 문제를 풀 때에도
선택과 집중의 원리를 적용해야 하는 것이지요.

특정 문제를 푸는 데 지나치게 많은 시간을 소비하면, 쉬운 문제를 못 풀고 지나갈 위험이 큽니다.

그래서 내신 수학과 수능 수학 문제를 풀 때에는 난도에 따라서 문제 풀이 순서를 정해야 합니다. 내신 수학 시험 문제를 출제할 때에는 수업 시간에 배운 순서대로, 그리고 난도가 낮은 문제에서 높은 문제 순으로 문항을 배열하는 것이 일반적입니다. 그러나 수능 수학에서는 이런 문항 배열 공식이 파괴되지요. 그러므로 내신 수학 문제를 풀 때에는 문항 순서대로 풀어도 무방하지만, 수능 수학을 풀 때는 킬러 문항과 그렇지 않은 문항을 구분하여 풀이 시간을 배분해야 합니다.

이것만은 꼭!

학생들은 수학 시험지를 받으면 무의식적으로 거기에 배열된 순서대로 문제를 풀어야 한다고 생각하게 됩니다. 그러나 문제당 소요 시간이라는 '효율성'을 고려하면, 쉬운 문제부터 빠르게 풀어 나가는 것이 중요합니다. 그러므로 평소에 학습지와 문제집을 풀 때 옆에서 지켜보시면서, 난도에 따라 선택적으로 문제를 푸는 방법에 대해 조언해 주세요. 그리고 자녀가 이러한 연습을 충분히 할 수 있도록 도와주시기 바랍니다.

3장

현실판 인생극장: 과학 공부하기

같은 교과 다른 목표, 입시 과학 공부 vs. 평범한 과학 공부

"그래, 결심했어!!"

1990년대 최고의 스타들이 돌아가며 출연하여 안방의 주말 밤을 책임졌던 〈TV 인생극장〉의 시그니처 대사입니다. 과학 공부법을 소개하는데 텔레비전 프로그램 이야기를 왜 하는지 궁금하실텐데요. 프로그램의 주인공 이휘재가 이 대사를 외치면서 두 가지 인생 중 하나를 선택하는 것처럼, 과학 교과의 공부법은 '어떤 목표로 공부할지'에 따라 크게 나뉩니다. 어쨌든 선택은 우리 아이들 앞에 놓여 있습니다.

'과학' 교과는 대체로 좋아하는 학생과 싫어하는 학생이 명확한 편입니다. 그리고 이과 계열의 학과 대부분은 주요 교과인 국어, 영어, 수학보다 과학 교과와 직간접적으로 관련된 경우가 많습니다. 여러 가지 활동 면에서도 과학이나 공학과 관련된 내용을 토대로 하다 보니 '과학'은 무시할 수 없는 교과입니다.

문제는 소위 말하는 '국영수'가 더욱 중요하다는 인식이 일반적이라는 것입니다. 응시 인원이 많으니 상대적으로 등급 받기에 다소 유리하게 느껴지는 점도 한몫합니다. '물리'를 잘하고 물리학과에 지원하면서도 등급의 불리함 때문에 수능에서 '물리를 선택하지 않는 경우가 있을 정도'입니다.

관련 교과가 많고 진로도 과학 관련 학과가 많은데, 대입에서의 비중은 상대적으로 덜합니다. '과학' 교과를 싫어하는 학생의 경우, 과학이 공부하기는 싫은데 아주 필요 없거나 중요하지 않은 건 아니라서 신경 쓰입니다. '과학' 교과를 좋아하는 학생의 경우, 진로를 생각해서 더 공부하고 싶은데 과학 과목이 주요 교과에 비해 상대적으로 덜 중요하니 정도껏 해야 합니다.

그런데 '과학'을 즐기지 않거나 못하는 학생들에게는 더욱 심각한 딜레마가 있습니다. '과학' 교과는 공부하면 할수록 점수가 오르지 않고, 점수가 어느 정도 오르다가 멈춰 버린다는 것입니다. 그리고 최상위권을 가르는 문제는 설명을 들어도 이해하기 어렵습니다. 문제를 풀수록 최상위권 문제는 미궁에 빠집니다. 그러니 공부할 의지가 생길 리 없습니다. 설명을 들어도 이해가 안 된다는 것은 학생 입장에서는 상당히 큰 압박입니다. 게다가 '국어'나 '사회' 같은 교과는 설명 대상 자체가 익숙한 것들입니다. 반면에 '과학'은 설명 대상이나 사용하는 용어가 상대적으로 현실과 거리가 멉니다.

> 과학 교과는 기본적으로 전형적인 나선형 교육 과정입니다.
> 간단하게 말해서 같은 대상, 개념이나 원리를
> 계속 반복 학습하면서 점점 수준이 어려워집니다.

예를 들어 '물리'는 초등학교, 중학교, 고등학교, 심지어 대학 때도 '힘과 운동', 뉴턴의 운동 법칙이 크게 자리 잡고 있습니다. 특히 기본 식의 형태나 접근 방식이 비슷합니다. 나머지 과목인 '화학', '생물', '지구과학' 역시 마찬가지입니다.

이처럼 초등학생부터 대학생이 배우는 기본적인 개념이나 원리가 비슷하다는 것은 무슨 뜻일까요?

첫째, 기초가 부족하면 절대 알 수 없다.
둘째, 벼락치기나 문제 풀이만으로는 올라갈 수 있는 점수의 한계가 있다.
셋째, 스스로 생각하고 상당한 경험을 쌓지 않으면 '잘할 수 없다.'

같은 걸 계속 공부한다는 것은 쉬울 수도 있지만 그만큼 깊게 들어간다는 것입니다. 그것도 일상에서 벗어난 용어와 대상에 대해서!

과학 이론의 목표는 최대한 단순한 이론으로 최대한 많은 것을, 최대한 정확하게 설명하는 것입니다. 그래서 단순하면서 더 많은 걸 설명해 줄수록 좋은 과학 이론이라고 합니다. 해설을 보면 계속 같은 개념으로 설명하는 것 같은데 결론이 다르거나 무슨 말인지 모르겠다면, '선택의 시간이 왔구나!' 하고 생각하시면 됩니다.

"입시 과학 공부냐,
평범한(?) 과학 공부냐,
그것이 문제로다!"

실전! 대입 극장! 선택 1 ➔ 입시 과학 공부

"그래 결심했어! 과학 관련 학과에 진학할 거지만, 일단 대학에 가야 기회가 주어지잖아? 과학 공부는 일단 입시에 맞추자!"

입시를 위한 과학 공부에도 여러 선택이 있겠지만, 한마디로 적당히 공부하는 게 필요합니다. 과학을 좋아한다면 다른 교과의 성적이 원하는 만큼 나올 정도로 하면서 여유가 되는 대로 과학 공부를 하면 됩니다. 그러니까 너무 과학에만 몰입한 나머지, 다른 교과에 지장이 있을 정도로 하지는 않는다는 것이지요.

과학을 좋아하지 않거나 잘하지 못한다면 정기고사에 집중하고, 수능은 필요한 만큼 하는 게 낫습니다. 학교 내신 시험은 범위가 제한되어 있고 시험에 대한 정보도 많이 제공되는 편입니다. 그렇다 보니 해당 기간에만 집중해도 어느 정도 성적을 유지할 수 있지요. 특별히 탐구 영역의 등급이 중요한 경우가 아니라면 정기 고사를 포함한 학교 공부에 집중하는 것으로 수능 과학 탐구 영역이 어느 정도 대비가 됩니다. 그러므로 과감하게 어느 정도 제외해도 된다고 할 수 있습니다.

입시 과학 공부를 선택했다면, 수능 과학 공부까지 집중하기보다는 지원 희망 학과와 관련된 상식이나 진로와 연관된 과학 내용을 탐색하는 편이 낫습니다. 무조건 공부하지 말라는 게 아닙니다. 수능 과학 성적이 필요한 만큼만 하거나, 필요하면서도 등급이 잘 안 나온다면 다른 교과 성적을 높이는 쪽으로 해결 방향을 잡으라는 뜻입니다.

그리고 수능 공부에 따로 시간을 투자하느니 희망 학과와 관련된 내용을 선택적으로 탐색하는 것이 더 나은 선택일 수 있습니다. 독서, 기사, 학교 제공 자료, 체험 학습, 교과서 읽기 자료 등 접근 가능한 것이 많으니, 여유 되는 대로, 관심 가는 만큼 하면 됩니다.

정리하면 입시 과학 공부는 정기 고사 집중과 지원 학과 관련 내용 탐색이 주를 이루는 만큼, 수능 공부는 다른 교과나 희망 학교 등을 고려해서 필요한 만큼만 하라는 것입니다.

실전! 대입 극장! 선택 2 ➔ 평범한 과학 공부

"그래 결심했어! 돌아가는 길이 가장 지름길이라는데 어차피 공부할 거라면 지금 제대로 공부하자. 꾸준히 하면 입시와 다른 공부에도 크게 도움이 될 거야!"

사실, 과학 공부를 평범하게 한다는 건 참 어려운 일입니다.

"과학은 상식적이지만 쉽지는 않다."

제가 입버릇처럼 하는 말입니다. 평범한 과학 공부는 즐거울 수는 있지만 쉽지는 않습니다. 즐거우면서 유용한 과학 공부를 원한다면 그냥 과학을 공부하십시오. 장기적으로 '입시'와 '진로 탐색'이라는 두 마리 토끼를 잡을 수 있습니다. 문이과 통합, 서류 블라인드 시대에 들어서는 자녀를 둔 부모라면 더욱 중요해지는 대목입니다.

다만, 과학이나 과학적 사고는 필수 소양의 성격이 강하기는 해도, 그렇다고 꼭 과학을 통해서만 두 마리 토끼를 잡을 수 있는 건 아닙니다. 과학 공부가 취향에 맞는지, 과학으로 탐색할지 다른 분야로 탐색할지에 따라 선택을 달리할 수 있습니다.

어떤 분야든 자신의 '생각'과 '주관'을 갖고
탐색하는 분야가 하나 정도는
꼭 있어야 한다는 점이 중요합니다.

평범한 과학 공부는 과학 지식 체계와 과학적 사고를 배우는 것이므로 시작하자마자 효과를 보기는 어렵습니다. 따라서 가능하면 어려서부터 하나씩 쌓아 가는 것이 좋습니다. 예컨대 '무지개는 왜 일곱 가지 색이지?', '바다는 왜 파랗지?', '사람은 왜 간지러움을 느낄까?', '핸드폰에는 어떤 센서가 들어갈까?', '기후 위기는 정말 인간 때문일까?' 같은 의문에서부터 시작할 수도 있습니다.

이때 평범한 과학 공부를 하라는 말이 과학 공부만 한다거나 과학 공부를 최우선으로 해야 한다는 뜻은 아니라는 점에 유의해야 합니다. 조금씩이라도 평범하게 현상이나 개념을 확실하게 공부하고 탐구하는 과학 공부를 하라는 뜻입니다. 그러기 위해서는 교과서에만 너무 얽매이지 않고 과학과 관련된 내용을 공부한다는 생각을 가지는 것이 중요합니다. 과학을 좋아하는 아이라면 본인이 좋아하는 것 중심으로 탐색해 가면 되겠습니다.

이것만은 꼭!

입시 과학 공부를 선택하더라도 적어도 한 교과나 분야에서는 평범한 공부를 꼭 할 수 있도록 해 주세요. 그냥 좋은 것, 즐겁게 하는 것이 하나 정도는 있어야 아이는 성장할 수 있고, 힘들 때 기대고 이겨 낼 수 있습니다. 당장 입시에 도움이 되든 아니든, 즐기면서 할 수 있는 것을 함께 찾거나 찾아 주세요. 적어도 반대는 하지 마시고 응원해 주셔야겠지요? <TV 인생극장>에서 모든 선택을 관통하는 '인간 세상의 도리'라는 게 있는 것처럼 공부법에도 모든 교과를 관통하는 기본이 있습니다.

기본 개념 vs. 창의성

> **"논리는 우리를 A에서 Z로 데려다 주지만, 상상력은 우리를 어디든 데려다 준다."**
>
> – 앨버트 아인슈타인

사후에 뇌를 보관해서 연구하고 전시할 만큼 관심을 받는 천재이자 창의성의 대명사, 아인슈타인, 그는 자기 사고 체계에서 언어는 아무런 역할을 하지 않는다고 했습니다. 직관적으로 답이 떠오르고 그 후에 언어로 설명할 방법을 찾는다고 했으니, 특별한 성과에는 창의성이 중요해 보입니다.

> **"직관이 뛰어난 아이라도 지식 없이 인생에서 가치 있는 무언가가 되도록 성장할 수는 없다. 그리고 모든 사람의 삶에는 오직 직관으로만 도약할 수 있는 지점이 있다."**
>
> – 아인슈타인 인터뷰, '젊은이에게 보내는 나이든 사람의 조언'

아인슈타인이 어릴 때 학습 부진아였다거나 수학을 잘하지 못했다는 이야기가 많이 떠돌기도 합니다. 그 근거 중 하나로 '상대성 이론'을 만들 때 수학자들의 도움을 받았다는 주장도 있지요. 그래서 그의 창의성이나 상상력이 더욱 부각되는지도 모르겠습니다.

그러나 아인슈타인은 지식이나 기본 개념을 무시하고 창의성만 가지고 기발한 상상을 했던 사람은 아닙니다. 물리가 그렇게 쉬운 학문이 아니라는 건 고등학교 물리를 배워 본 사람은 다 아는 사실입니다.

죽기 몇 달 전에 진행한 인터뷰에서 아인슈타인은 성공한 사람보다 가치 있는 사람이 되라고 조언한 바 있습니다. 그는 영감을 통해서만 삶을 도약시킬 수 있는 면도 있지만, 지식의 습득은 자기 자신을 가치 있게 만들 수 있는 토대라며 강조하고 있지요. 그러니 창의성이나 영감을 키우는 것도 중요하지만, 지식을 충실하게 공부하도록 해야 합니다.

"지금 왜 이 일을 하는지, 왜 질문하는지를 계속 생각하세요. 중요한 것은 질문을 멈추지 않는 것입니다. 호기심에는 이유가 있습니다. 영원과 삶의 신비, 실재의 놀라운 체계를 생각할 때 경외심을 가질 수밖에 없습니다. 매일 이 신비를 아주 조금이라도 이해해 가는 것으로 충분합니다. 절대 호기심을 잃지 마세요. 성공한 사람보다 가치 있는 사람이 되기 위해 노력하세요. 성공한 사람은 투자한 것보다 많은 걸 얻어내지만 가치 있는 사람은 받은 것보다 더 많은 걸 줄 겁니다."

– 아인슈타인 인터뷰, '젊은이에게 보내는 나이든 사람의 조언'

인생이 호기심을 채우기에 부족하지 않느냐는 질문에 대한 아인슈타인의 답입니다. 죽는 날까지 통일장 이론을 붙들고 씨름했다는 사람답지요? 아이가 입시를 위해 과학 공부를 하든, 평범한 과학 공부를 하든, 그리고 기본 지식을 쌓는 게 목적이든, 창의성 계발이 목적이든, 호기심을 품는 것과 질문하는 것을 멈추지 않도록 응원하는 부모는 아이에게 큰 축복이 될 것입니다.

1905년 아인슈타인은 광양자 가설, 브라운 운동의 수학적 증명, 특수 상대성 이론에 관한 탁월한 논문들을 잇달아 발표했고, 그 덕분에 그해는 과학사에 '기적의 해'로 기록됩니다. 그로부터 45년 뒤인 1955년, 영면에 들기 전에 가진 인터뷰에서 그는 이토록 묵직한 울림을 주는 말을 남긴 것입니다.

기본 개념과 창의성은 서로 대결 구도에 있는 것이 아니라 모두 가치 있고 필요한 것입니다. 과학에 대해서는 입시 공부를 하더라도 관심 분야에서 지식과 영감을 놓치지 않도록 해야겠죠? 창의성을 펼치기 위해서는 여러 가지 다양한 가능성을 모색하는 '발산적 사고'와 하나의 답을 찾아가는 '수렴적 사고' 모두 필요하기 때문입니다.

호기심을 잃는 것,
질문하는 것을 멈추는 것,
기본 개념과 창의성 중 어느 하나만 붙들고
다른 사고를 막는 것을 경계하시길 바랍니다.

이것만은 꼭!

정해진 하나의 방법이나 고정된 시작점은 없습니다. 어디서든 시작할 수 있고, 때로는 실패하는 방법마저 의미 있습니다. 과학은 왜 성공적인가에 대한 책 『FAILURE』는 과학의 성공이 무지와 실패로부터 비롯되었음을 강조합니다. 단, 시작하지 않으면 아무것도 이룰 수 없습니다. 뻔하지만 가장 강력한 방법은 호기심을 갖고 질문을 계속하며 내가 무엇을, 왜 하는지 '인식' 하는 것입니다. 아이 혼자서는 어려울 수 있습니다. 부모님께서 질문하고 실패해도 의미를 되짚어 주면서 이끌어 주세요.

여러 가지 과학 공부법

이제 과학 공부법 네 가지에 대해 이야기해 보겠습니다. 모두가 알긴 해도 의외로 잘 사용하지 않는 방법도 있어서 소개하는 것이니 참고하세요.

앞선 두 가지 과학 공부 모두에 이 네 가지 공부법은 도움이 됩니다. 하지만 집중도와 비중을 고려해서 분류하면, 입시 과학 공부를 위해서는 공부법 1과 2를, 평범한 과학 공부를 위해서는 공부법 2, 3, 4 위주로 실행하면 됩니다.

공부법 1 암기 & 문제 풀기

'근의 공식'이나 '좌표평면의 각 4분면에서 삼각함수 부호(±)', '등가속도 운동 물체의 이동 거리'를 알고 계신가요? 저는 이 공식들을 암기하기 싫어서 필요할 때마다 유도하거나 그림을 그렸습니다. 거의 모든 문제마다 사용하다 보니 어느새 자연스럽게 사용하게 되었습니다. 만약 제가 이 공식을 암기했다면 조금 더 어려운 문제도 조금 더 쉽게 풀거나 다른 영감을 떠올릴 수도 있었을 것입니다.

그러나 분명 암기와 문제 풀기는 공부의 중요한 요소입니다. 과학자들의 연구도 사실 자연 현상에 대한 문제 풀기이니 암기나 문제 풀기를 너무 얕잡아 볼 일이 아닙니다. 경계할 것은 아이가 모든 것을 '암기만' 하는 것일 뿐이지요. 논리와 상상력의 대조를 보여 준 아인슈타인의 말도 이런 의미일 것입니다.

'외우기만 해서는 안 된다'는 말은 뒤집어 생각하면 '외우기만 해도 어느 정도는 이루어 낼 수 있다'는 뜻이기도 합니다. 요즘은 오히려 아이들이 외우려 들지 않으니, 암기나 문제 풀기의 중요성을 강조할 필요도 있습니다. 게다가 과학에서는 기본 개념이나 원리, 그에 따른 적용이 매우 중요합니다. 정확하게 정의된 개념과 원리를 기반으로, 자연 현상의 문제를 설명하고 예측하는 학문이기 때문이지요. 그런 이유로 기본적인 암기와 문제 풀기를 더욱 중시하지 않을 수 없습니다.

암기의 대상을 기본 개념과 원리는 물론,
개념 간의 관계, 문제나 문제 풀이로 확장하면
더욱 효과적입니다.

암기의 목적은 외운 내용을 필요할 때 꺼내 쓰는 것입니다. 그렇다면 출력이 잘되어야 할 텐데, 적절한 순간에 '출력'하려면 어떻게 해야 할까요?

우선, 여러 방향으로 암기할 것을 권합니다. 개념에서 설명을, 설명에서 개념을, 문제에서 핵심 개념을, 핵심 개념에서 그와 관련 있는 문제나 개념을 떠올리면서, 자신이 출력해야 하는 지식의 방향을 다각도로 고려해 보세요. 문제를 자신의 언어로 표현하기만 해도 답이 스르륵 튀어나오는 경험은 진지하게 공부해 본 사람이라면 누구나 있을 것입니다.

우리 뇌는 외부의 자극을 여러 곳에서 처리하기 때문에 의미를 파악하는 곳과 이해한 것을 말하는 곳, 쓰는 곳 등이 다릅니다. 한 가지 방향과 방법으로만 외우면 결국 문제를 풀 때 써먹을 수 없겠지요. 상대방의 말을 듣고 해당하는 물건을 가리킬 수는 있는데 말로는 표현하지 못한다거나, 글로는 못 쓴다거나 하는 환자들이 있습니다. 이러한 사례를 보면, 한 가지 방향으로 암기한 것이 다른 표현이나 상황으로 제시됐을 때 출력이 어려울 수 있겠다 싶지요?

빈칸 채우기의 빈칸을 암기할 때마다 달리하는 것도 좋은 방법입니다. 같은 소재나 유형의 문제를 모아 두었다가 한꺼번에 풀어 보는 것도 비슷한 맥락입니다.

암기도 그냥 하는 것보다 요령이 있으면 더 좋겠지요? 다양한 감각을 활용하는 등 여러 가지 암기법이 있지만, 기본 습관을 들이는 방법을 중심으로 이야기하겠습니다. 암기든 뭐든 간에 습관이 형성되어야 하니까요. 앞서 〈1부〉 3장에서 살펴본 습관 형성의 방법은 간단히 말해 목표는 작게 여러 개로 설정하고, 바라는 것의 접근성을 높이고, 자동으로 될 때까지 반복하는 것입니다. 여기에 공부의 기본이면서 최대한 시간을 덜 들이고 더 확실하게 외우는 방법을 하나 이야기하겠습니다.

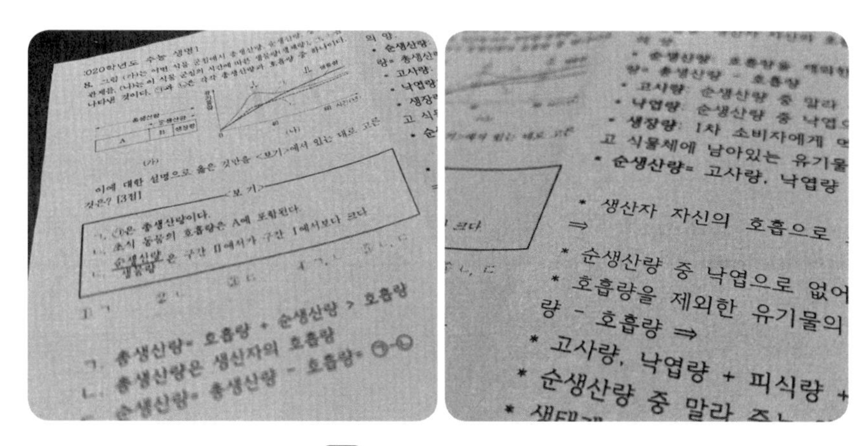

(그림) '손바닥 암기 놀이'의 예

이 방법은 '손바닥 암기 놀이'입니다. 큰 종이를 작게 접어 손바닥만한 구역들로 나누고, 구역별로 암기할 내용을 적어서 들고 다니며 외우는 것이지요. 매일 공부하면서 암기거리를 만들기 어려우면 1~2주마다 날을 정해서 외울 것을 한 번에 만들어 두는 것이 좋습니다.

이 놀이의 장점은 부담감이 적고 접근성이 높다는 것입니다. A4 용지 한 장을 가로와 세로 각 3등분씩 해서 접으면 손바닥 크기가 됩니다. 위의 사진은 2개 구역인데도 손바닥보다 약간 큽니다. 구역마다 1문제씩 넣는다고 해도 앞뒷면 포함 총 18문제가 들어갑니다. 꽤 많죠? 그리고 가볍죠?

그냥 주머니에 넣고 다니면서 생각나면 꺼내보고 하나씩 외우면 됩니다. 집에서 나와 걸을 때 1개, 버스 타서 1개, 내리기 전에 1개, 책상에 올려 두고 수업 듣다가 한숨 쉴 때 1개, 쉬는 시간 일어나기 전에 1개……. 이런 식으로 외우면 하루에 한 구역 정도는 외울 수 있습니다. 적당히 알고 있는 것이니 만큼, 슬쩍 보고 걸으면서 외우고 잊어버리면 확인했다가 다시 외우면 되지요.

고등학교 때 이런 식으로 따로 시간 들이지 않고 2주 만에 900여 개의 단어를 외웠으니, 습관 들이기와 자투리 시간 활용이 꽤 큰 효과가 있는 셈입니다. '문제 1문제, 관련 개념 3개' 이런 식으로 적은 분량을 정해 놓고 조금 더 확실하게 반복적으로 외우는 것도 추천할 만한 방식입니다.

18. 그림 (가)는 어떤 식물 군집에서 총생산량, 순생산량, 생장량의 관계를, (나)는 이 식물 군집의 시간에 따른 생물량(생체량), ㉠, ㉡을 나타낸 것이다. ㉠과 ㉡은 각각 총생산량과 호흡량 중 하나이다.

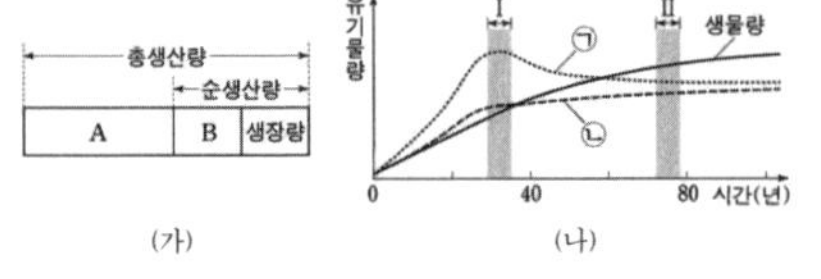

(가) (나)

이에 대한 설명으로 옳은 것만을 <보기>에서 있는 대로 고른 것은? [3점]

<보 기>

ㄱ. ㉠은 총생산량이다.
ㄴ. 초식 동물의 호흡량은 A에 포함된다.
ㄷ. $\frac{순생산량}{생물량}$은 구간 Ⅱ에서가 구간 Ⅰ에서보다 크다.

① ㄱ ② ㄴ ③ ㄷ ④ ㄱ, ㄴ ⑤ ㄴ, ㄷ

개념 → 설명

- **총생산량**: 생태계에서 생산자가 광합성을 하여 생산한 유기물의 총량. 총생산량=호흡량+순생산량
- **호흡량**: 생산자 자신의 호흡으로 소비되는 유기물의 양
- **순생산량**: 호흡량을 제외한 유기물의 양. 순생산량=총생산량−호흡량
- **고사량**: 순생산량 중 말라 죽는 양
- **낙엽량**: 순생산량 중 낙엽으로 없어지는 양
- **생장량**: 1차 소비자에게 먹히는 피식량을 제외하고 식물체에 남아 있는 유기물의 양
- **순생산량**: 고사량, 낙엽량+피식량+생장량

정답 ①

[정답맞히기] ㄱ. 총생산량이 호흡량보다 많으므로 ㉠은 총생산량, ㉡은 호흡량이다.

[오답피하기] ㄴ. A는 식물의 호흡량이므로 초식 동물의 호흡량은 A에 포함되지 않는다.
ㄷ. 순생산량은 구간 Ⅰ에서가 구간 Ⅱ에서보다 많고, 생물량은 구간 Ⅱ에서가 구간 Ⅰ에서보다 많으므로 $\frac{순생산량}{생물량}$은 구간 Ⅰ에서가 구간 Ⅱ에서보다 크다.

- 생산자 자신의 호흡으로 소비되는 유기물의 양 ⇒
- 순생산량 중 낙엽으로 없어지는 양 ⇒
- 호흡량을 제외한 유기물의 양. 순생산량=총생산량−호흡량 ⇒
- 고사량, 낙엽량+피식량+생장량 ⇒
- 순생산량 중 말라 죽는 양 ⇒
- 생태계에서 생산자가 광합성을 하여 생산한 유기물의 총량. 호흡량+순생산량 ⇒
- 1차 소비자에게 먹히는 피식량을 제외하고 식물체에 남아 있는 ( )의 양 ⇒

'문제'와 '관련 문제 또는 개념'을 짝지어서 구역을 붙여 놓습니다. 그런 다음 개념 암기 구역은 개념 전체를 적어서 외우고, 나머지 구역은 간단한 빈칸 채우기 문제처럼 만들어도 좋습니다. 예시의 문제는 그래프도 나오고 어려워 보이지만, '생물1'의 '생태계와 상호 작용' 단원의 '식물의 총생산량' 관련 개념만 정확하게 외우고 있으면 꽤나 쉽습니다.

이처럼 '문제-해설'로 짝을 짓거나 관련 문제를 모아 '문제 종이', '개념 종이' 이런 식으로 구분해서 만들어 두면, 시험공부를 할 때 도움이 됩니다. 암기를 철저하게 하면, 작성 내용이 기준이 되어 다른 개념이나 문제를 연관 짓기도 쉽습니다. 처음 만들 때 귀찮기는 해도, 암기 시간을 따로 빼거나 과학 공부의 기본기를 쌓아야 하는 부담은 줄어듭니다. 자투리 시간의 활용도가 높아지다 보니, 학습의 효율도 높아지는 것은 물론입니다.

공부법 2 학교 공부의 왕도: 선생님 따라붙기

앞서 습관 들이기의 기본은 '가깝게 두라'였지요? 공부하기에 가장 가까운 곳에 누가 있을까요? 입시 과학 공부를 할수록 학교 시험이나 수행 평가 등이 중요합니다. 수업은 누가 할까요? 시험 문제는 누가 낼까요? 수행 평가나 활동은 누가 계획하고 진행하며 평가할까요? 이런 활동들을 기록하는 것은 누구일까요?

'평범한 과학 공부' 역시 마찬가지입니다. 여러분의 주변 사람들 중에서 과학에 가장 해박한 지식을 갖고 있으면서, 쉽게 만나서 질문하고 지원받을 수 있는 사람은 누구일까요?

네, 맞습니다. 지금까지 했던 모든 질문의 답은 '과학 담당 선생님'이죠?

학교 선생님께 따라붙으세요. 그리고 배우세요. 시험 문제가 아니라 의문을 품었던 것을 물어보고, 자신이 했던 생각을 확인하며, 더 필요한 것은 도움을 구하면 됩니다. 선생님께 많이 의지하고, 의문을 공유하세요.

여기에도 역효과를 방지하기 위해 주의할 점이 있습니다.

첫째, 질문도 때를 가려서 해야 합니다.

밤늦은 시간, 바쁜 시간, 업무를 처리 하고 계신 시간은 피해야겠지요? 바쁘실 때는 따로 시간을 잡는 것도 좋은 방법입니다. 학생이 직접 찾아왔는데 돌려보내는 경우, 대부분의 선생님은 미안해서라도 시간을 내주십니다.

둘째, 최소한의 성의는 보여야 합니다.

무턱대고 가서 "2단원을 하나도 모르겠어요. 가르쳐주세요."라고 하는 건 그냥 수업을 한 번 더 해 달라는 말입니다. 그보다는 "이러저러한 개념이나 이론을 모르겠습니다."라고 질문 내용을 구체적으로 밝히는 게 좋고, 그보다는 "어떤 부분의 이런 점을 모르겠습니다.", "여기까지는 알겠는데, 이 부분이 왜 그렇게 되는지 이해가 안 갑니다."라고 묻는 게 가장 좋습니다. 그래야 서로에게 가장 효과가 큽니다.

셋째, 되도록 과학 선생님과 의문뿐만이 아니라 본인의 활동을 공유하는 것도 고려해 보길 바랍니다.

본인이 따로 조사한 것이나 해보고 싶은 것, 학교에서 할 수 있는지 확인하고 싶은 것 등을 선생님께 요청하는 게 좋습니다. 이와 관련해서는 학교생활기록부에 대해 설명하는 〈4부〉의 '1장'에서 좀 더 자세하게 다루겠습니다.

공부법 3 꼬꼬닥: 꼬리에 꼬리를 물고 닥치는 대로 모으기

무엇이든 양이 쌓여야 질적으로 바뀔 수 있습니다. 어떻게 공부할지 잘 모르더라도 학습량이 쌓이면 무시하지 못합니다. 뭘 해야 할지, 무엇부터 시작해야 할지 잘 모르겠다면, 일단 아무거나 하나 잡고 시작하면 됩니다. 그렇게 하다 보면 쌓이고, 그게 바로 전문성이나 실력으로 자연스럽게 이어지기도 합니다. 익숙한 속담이 떠오르신다면 그게 맞습니다.

"티끌 모아 태산."
"서당개 삼 년이면 풍월을 읊는다."

일단 닥치는 대로 모아 보세요. 꼬리에 꼬리를 물고 떠오르는 것을 모아 보면 됩니다.

꼬꼬닥 공부법의 하나가 '백과사전 놀이'입니다. 평소 공부했던 내용이나 궁금했던 것을 심심할 때 인터넷으로 검색해 보는 거지요. 백과사전 사이트에 들어가면, 목차나 본문 중에 색 글씨들이 보입니다. 본문 내용을 읽어 보고 잘 모르겠거나 한 번 더 확인하고 싶은 것을 클릭해서 들어갑니다. 이렇게 연관되는 것들을 연달아 클릭하는 과정에서 처음 검색어를 이해하려고 하다 보면 시간이 훌쩍 흐르지요. 교과서 한 단원을 공부하는 것만큼이나 많은 내용이 엮이고 엮여서 하나의 덩어리를 이룹니다. 무엇이든 상관없습니다. 당장 시작해 볼 것을 강력하게 추천합니다.

또 하나는 '내 맘대로 한 학기 한 권 읽기'입니다. 서문과 목차를 반드시 읽고, 참고 문헌이 있는 책 한 권을 골라 한 학기 동안 읽는 것입니다. 한

번 빠르게 읽고 찾아보고 싶은 것, 유용한 것들은 '손바닥 암기 놀이'로 암기하거나 '백과사전 놀이'를 하면 좋습니다.

다음으로 '참고 문헌 찾기 놀이'도 추천합니다. 개수가 정해진 것도 아니고, 한 학기라는 시간적 여유가 있으니 차근차근 찾아봅니다. 단, 너무 늘어지지 않게 '한 달에 1개 이상'처럼 최소한의 기준만 정해 놓으면 됩니다. 책은 하나의 체계로 기술되고, 그와 관련된 근거를 제시하고 있기 마련입니다. 그러므로 이렇게 찾는 것은 학문적이고 논리적인 구조를 보장하는 경우가 많습니다. 자연스럽게 그 논리를 따라가는 것이지요.

학년이 올라갈수록 '손바닥 암기 놀이'나
'백과사전 놀이'에서 '참고 문헌 찾기 놀이'로
옮겨 가는 것이 좋습니다.
저학년이어도 참고 문헌이 기사 정도라면
찾아볼 만하니 참고하세요.

앞서 말한 습관들이 생긴 경우, 권장하고 싶은 것은 '영상 이어 달리기'입니다. 영상 콘텐츠 중에는 재미있는 것이 참 많지요. 관련 영상들의 목록이 함께 떠서 자동으로 재생되는 점도 편리합니다. '자동 재생'을 켜 놓고 관련 영상을 죽 보기만 해도, 많은 정보를 얻을 수 있습니다. 단, 곁길로 새거나 멍하니 화면만 바라보고 있을 수 있으니, 시간을 제한하거나 앞의 습관이 몸에 배었을 때 활용하기를 권합니다.

공부법 4 관심법

관심법은 별것 아닙니다. 관심 있는 걸 해 보는 것이지요. 교양서적, 실험, 체험 활동, 과학관 등에 관심을 갖고, 그와 관련된 것을 찾아 행하는 것이 '평범한 과학 공부'의 최고 경지입니다.

> 이 방법을 조금 더 확장해 본다면
> '생각 몰아주기'로 이어집니다.
> 무엇을 하든 연관 지어 보는 것입니다.

요리를 할 때 요리의 과학을, 운동 중에는 운동의 과학을, 이를 닦으면서 양치의 과학을, 책상을 보면서는 책상의 과학을 생각할 수 있고, 역사박물관에 가서도 과학과 연관되는 지점들을 살펴볼 수 있습니다. 예를 들어 『똥오줌의 역사』라는 책이 있는데 인간이 배설하는 배설물의 양 변화나 배설과 관련된 역사를 서술한 책입니다. 배설물을 보면서까지 역사를 생각하다 보니 이런 책이 나올 수 있었겠지요. 여기에는 인류의 영양학적 접근이나 기술의 발달도 포함됩니다. '생각 몰아주기'로 시작했지만 생각의 확장과 이해도가 깊어지는 길이기도 하니까 꼭 하면 좋겠습니다.

과학을 좋아하지 않는다면 반대로 자신의 관심 분야를 중심으로 과학과 관련된 것을 찾아보는 방법도 있습니다. 앞서 아인슈타인의 뇌를 보관했다는 말을 했지요? 2005년~ 2006년에 우리나라에서 진행한 '아인슈타인 특별전'에도 아인슈타인의 뇌 조각이 전시되었습니다. 법이나 사회적 합의에 관심 있는 학생이라면 그런 전시가 법적으로 문제가 되지는 않는지, 본인이나 가족들이 원하지 않는 경우 어떤 처벌이나 권리가 형성될 수 있는지 등을 연관지어 생각할 수 있습니다. 과학 전시에서도 법이나 시대에 따른 법 정서의 변화 등을 얼마든지 탐구해 볼 수 있는 것이지요.

관심법에는 정해진 방법은 없습니다. 그저 관심 있는 것을 깊게 탐색하고 즐기면 됩니다. 아주 작은 관심이어도 상관없어요.

작은 관심이든 큰 관심이든,
일단 시작하지 않으면 깊어지거나 성장할 수 없습니다.
지금 바로 시작하도록 이끌어 주세요.

이것만은 꼭!

이번에 소개한 네 가지 과학 공부법은 모든 과목에 적용할 수 있지만, 과학 중심으로 살펴보았습니다. 사실 가장 좋은 공부법은 질문에서 시작하는 것입니다. 스스로 설정한 문제에서 시작하는 것이 진정한 공부입니다. 자녀가 질문과 실패를 두려워하지 않게 해 주세요. 그리고 다음 세 가지를 꼭 기억해 주세요.

1. 습관을 들일 수 있도록 용기를 북돋워 주고, 좋은 환경을 만들어 주세요.
2. 작은 목표부터 시작해서 자동화된 후 다음 목표를 이루도록 이끌어 주세요.
3. 지금 바로 시작하도록 응원해 주세요.

★ 관심법의 중심 분야를 생각해 볼까요?

부모님께서 자녀가 관심 있다고 생각하는 분야나 소재를 적어 보고, 실제로 자녀의 관심 분야와 비교하여 함께 이야기를 나누어 보는 것도 좋습니다. 옆에서 보는 모습과 본인이 생각하는 모습은 다르기 마련입니다. 이를 계기로 자기 자신에 대해 돌아볼 수 있습니다. 자신의 관심 분야를 잘 찾지 못하는 경우도 있기 때문에, 특별하지 않아도 시작할 수 있는 분야나 소재를 부모님께서 먼저 이야기해 보고 같이 시작하는 방법도 있습니다.

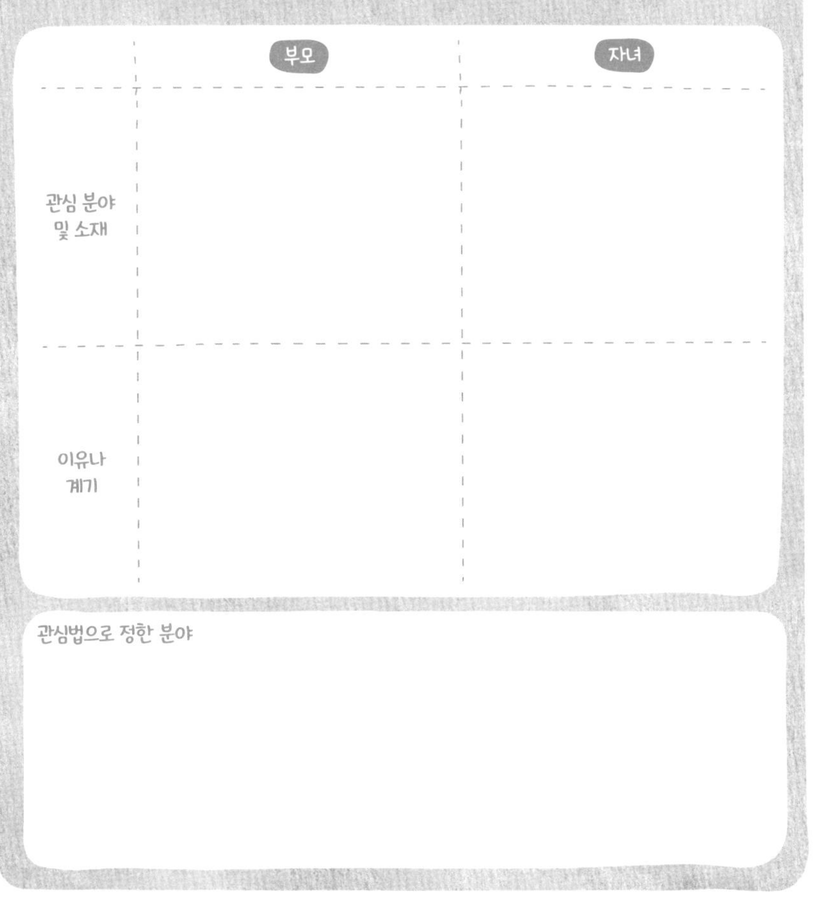

	부모	자녀
관심 분야 및 소재		
이유나 계기		

관심법으로 정한 분야

4장

내신과 수능에서 통하는 영어 실력을 기르려면

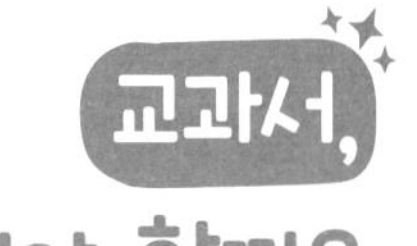

꼭 암기해야 할까?

중고생 자녀를 두신 분들 중에 혹시 자녀분이 내신 시험 기간에 영어 교과서 본문을 암기하는 것을 보신 적 있나요? 영어 학원에서는 내신 시험 기간에 학생들에게 본문 암기 숙제를 내 주는 경우가 많습니다. 다른 과목들도 공부해야 하는 바쁜 시기에, 영어 본문을 통째로 암기해야 하는 일은 고역이 아닐 수 없지요.

그런데 시험 범위 내의 영어 교과서 본문을 암기하는 게 과연 효과가 있을까요? 영어 본문 암기의 효과는 학교의 출제 경향에 따라 달라집니다. 본문을 그대로 시험에 출제하고 본문에 빈칸을 만들어 채우게 하는 문제를 많이 내는 경우라면, 영어 본문 암기는 아주 요긴합니다.

그러나 본문을 통째로 암기하는 것만으로 해결할 수 없는 문제도 있습니다. 본문 내용의 일부가 변형되어 출제된 문제나 단어를 몇 개 주고 새로운 영어 문장을 만들게 하는 서술형 문제가 그 대표적인 예지요. 이러한 유형의 문제들은 실제로 문장을 분석하고 만들 줄 아는 '내공'이 필요하기 때문에 본문 암기만으로는 해결할 수 없습니다.

또한 자녀의 영어 실력에 따라서도 본문 암기 효과가 달라집니다. 단어를 암기하는 것조차 힘들어하고 영어 공부에 아예 손을 놓은 학생에게는 본문 암기 자체가 힘에 부칩니다.

그러나 중위권 중에서 시험 범위의 단어들을 겨우 암기는 했지만 문법 실력이 부족해서 문장 분석력이 떨어지는 학생들의 경우, 본문을 암기해 두면 빈칸 채우기 문제나 문법 오류를 찾는 문제들을 풀 수 있습니다. 이들이야말로 본문 암기 효과를 가장 톡톡히 보는 그룹이지요.

이에 비해 영문법의 기초가 탄탄하거나, 초등학교 때부터 영어 독서를 해서 영어 문장의 표현에 익숙한 학생들은 문장을 분석하고 구성할 능력이 있기 때문에 어떤 유형의 문제가 나와도 모두 맞출 수 있습니다. 그러니 굳이 시간을 들여 가며 교과서 본문을 암기할 필요가 없습니다. 하지만 상위권 중에서도 영문법을 제대로 익히지 못한 학생들은 문장을 분석하고 만드는 실력이 부족하기 때문에 불안한 마음에 본문 암기를 할 수밖에 없어요.

영어 내신 시험의 경우, 중상위권 이하 학생들이 본문을 암기해서 급한 대로 그럭저럭 시험을 치를 수는 있습니다. 그런데 이렇게 교과서 본문을 암기하면서 공부한 것이 과연 모의고사나 수능 영어에 도움이 될까요?

이러한 공부는 수능 영어에 아주 미미하게 도움은 되겠지만, 실질적으로는 큰 도움이 되지 않습니다. 모의고사나 수능 영어는 처음 보는 영어 지문을 짧은 시간 안에 독해하는 유형이므로, 익숙한 지문을 보고 문제를 푸는 내신 시험과는 차원이 다릅니다. 학교에서 영어 내신 성적이 좋으면 수능에서도 영어 성적이 잘 나오는 게 당연해 보이죠? 그런데 사실은 두 시험의 성격이 너무 달라서 성적 차이가 심하게 나는 경우도 많습니다.

이와 관련해서 '내신 영어 따로, 수능 영어 따로' 이렇게 공부해야 하느냐고 의아해하실 분들도 계실 거예요. 내신 시험에서 집중적인 암기를 요구하는 문제를 많이 출제하는 학교라면, 시험 기간에는 거기에 맞추어 공부할 수밖에 없습니다.

그러나 이렇게 정해진 지문을 암기하면서 하는 영어 공부는 수능 영어 시험에서는 통하지 않는다는 게 냉정한 현실입니다.

물론, 학교마다 사정은 조금씩 다릅니다. 어떤 학교에서는 학생들의 영어 수준이 전반적으로 높지 않아서 수능 스타일의 문제를 내고 싶어도 그렇게 할 수 없습니다. 영어 내신을 수능처럼 내면 우등생은 문제가 어려워서 틀리는데 영어 실력이 부족한 학생이 오히려 운으로 문제를 맞히는 일이 벌어질 수 있습니다. 그래서 잘하는 학생과 그렇지 못한 학생을 가려내는 변별도가 떨어질 수 있지요.

반면에 학생들의 영어 실력이 뛰어나서 단순 암기 문제만 내면 만점자가 많이 나오는 까닭에, 분석하고 생각해서 푸는 수능 스타일 문제를 내는 학교도 있어요. 그러나 이들 학교에서도 내신에서 외부 지문을 내는 것은 배우지 않은 범위를 내는 것이므로 평가의 타당성이 떨어진다는 이유로 자제하는 분위기입니다.

따라서 영어 내신 시험을 수능 스타일로 출제하는 것은 한계가 있습니다. 이런 여러 가지 사정 때문에 고교에서는 외부 지문을 몇 개 출제해서 시험의 변별도를 높이는 경우도 있지만, 주로 서술형에서 문장을 만들게 해서 변별도를 높이는 쪽으로 방향을 잡고 있습니다.

결국 중학교와 고등학교 내신뿐만 아니라 수능에서도 통하는 영어 실력을 기르는 것이 관건입니다. 문장을 분석할 수 있고 문장을 만들 수 있는 흔들림 없는 영어 실력만 있으면, 영어 본문을 암기하지 않고도 영어 내신 시험에서 좋은 성적을 얻는 것은 물론, 수능에서도 고득점을 할 수 있습니다. 따라서 자녀의 영어 실력을 어떻게 향상시킬 것인지에 대한 고민과 연구가 필요합니다.

이것만은 꼭!

자녀가 내신 시험 기간에 영어 본문을 암기하느라 힘들어하는 걸 알고 계시지요? 그런데 중3 때까지의 기본 문법을 제대로 익혀서 문장을 분석할 수 있고 동사를 중심으로 문장 만드는 법을 터득하고 있다면, 굳이 힘들게 영어 본문을 암기하지 않아도 됩니다.

그러나 문법의 기본기가 약하거나 문장 만드는 법을 제대로 익히지 못한 학생들은 본문이라도 암기해야 그나마 문법 적합성 문제나 빈칸 채우기 유형의 문제들을 해결할 수 있습니다. 영어 본문 암기를 해야 할지 여부는 자녀의 문법 숙련도 및 영작 실력, 그리고 소속 학교의 내신 시험 유형에 따라 달라집니다. 그러므로 자녀의 영어 실력과 소속 학교의 시험 유형을 잘 고려해서 영어 내신 대비를 해야 합니다.

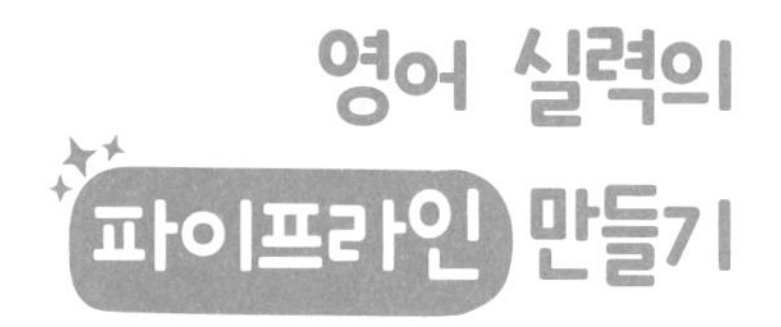

어느 마을이 있었답니다. 그 마을 사람들은 멀리 떨어진 계곡까지 가서 매일 물을 길어 와야 했지요.

그러던 어느 날, 한 젊은이가 계곡과 마을을 잇는 파이프라인을 깔아서 편리하게 물을 사용하자는 아이디어를 내고, 그날부터 열심히 땅을 파고 파이프를 연결했습니다. 마을 사람들은 그래 가지고 어느 세월에 물을 마을까지 끌어 오겠냐고 하면서 젊은이를 어리석다고 비웃었어요.

그런데 젊은이는 포기하지 않았습니다. 몇 년이 걸려서 드디어 계곡과 마을을 연결하는 파이프라인 건설 공사를 마쳤고, 아주 편하게 원하는 만큼 물을 얻을 수 있게 되었다고 합니다.

이 이야기, 어디선가 들어 본 적 있으시죠?

정해진 기간 동안 내게 주어진 일을 해야만 나오는 월급에만 지나치게 의존하기보다는 경제적 자유를 위해 자신만의 파이프라인을 구축하라는 취지에서 자주 언급되는 우화입니다.

저는 처음에는 시간과 노력이 훨씬 많이 들지만 제대로 한 땀 한 땀 쌓은 영어 실력은 마치 물을 자유롭게 쓰게 해 주는 파이프라인처럼 영어에서 진정한 자유를 누리게 해 준다는 의미에서 이 우화를 사용했어요.

과연 우리 아이가 영어 실력의 파이프라인을 건설하고 나면 어떤 일이 생길까요? 영어를 수월하게 공부하고도 내신에서 좋은 성적을 받으니, 여기서 절약한 시간과 노력을 다른 과목을 공부하는 데 쓸 수 있습니다. 그래서 영어는 물론, 다른 과목의 내신 성적도 함께 상승하게 될 것입니다.

또 모의고사와 수능 영어에서도 높은 점수를 수월하게 받을 수 있고, 영어 말하기와 쓰기 등의 영역까지 원하는 만큼 해낼 수 있습니다. 그 덕분에 교내 영어 말하기대회, 에세이 쓰기 대회 등에서 입상할 수도 있으니, 진정한 영어의 전성기를 누릴 수 있게 됩니다. 듣기만 해도 귀가 솔깃한 꿈같은 이야기죠?

그런데 우리 아이들이 흔들림 없는 영어 실력을 구축하는 게 정말 가능할까요? 영어에 특별한 소질이 있거나 영재여야만 가능한 건 아닐까요? 물론 어학에 남다른 재능을 보이는 아이들도 있습니다.

그러나 학생들과 제 아이를 가르쳐 본 경험상
'영어를 올바른 방법으로 제대로 꾸준히 공부하면
영어 실력의 파이프라인을 만드는 것이 가능하다'는 것을
확인할 수 있었지요.

자녀가 영어 실력의 파이프라인을 만들려면 영어 공부를 어떻게 해야 할까요?

먼저 영어 어휘를 익힐 때, 한 단어 한 단어를 제대로 공부해서 탄탄한 어휘력을 쌓아야 합니다. 그리고 이렇게 익힌 단어들을 적재적소에 배열하여 문장을 만드는 데 필요한 문법 실력도 꾸준히 연마해야 합니다.

영어 어휘와 영어 문법을 가장 효과적으로 공부할 수 있는 방법은 영어 독서입니다. 너무 어렵지 않으면서도 재미있게 읽을 수 있는 영어 스토리북을 꾸준히 읽을 것을 권해 드립니다.

한 문단 정도만 파편적으로 나오는
독해 문제집보다는 하나의 주제를 향해 나아가는
긴 지문인 영어 원서를 읽으면,
시간은 오래 걸릴 수 있지만 문장을 이해하고 표현하는
진짜 영어 실력을 기를 수 있습니다.

결국 영어 내신과 수능에서 우수한 성적을 받는 것은 물론이고, 영어가 우리 아이의 특기가 되도록 하려면 처음에는 시간이 오래 걸리고 노력이 많이 들더라도 영어 어휘와 문법 학습을 체계적으로 시켜야 한다는 결론에 이르게 됩니다.

이것만은 꼭!

내신에서도 수능에서도 통하는 흔들림 없는 영어 실력을 기르는 것은 사실 하루아침에 이루어지지 않습니다. 시간과 노력이 많이 들어가더라도 어휘와 문법 공부를 제대로 해야 합니다.

영어 실력의 핵심인 어휘력과 문법 실력을 동시에 향상시킬 수 있는 좋은 방법으로 영어 원서 읽기를 추천해 드려요. 재미있으면서도 자녀의 읽기 수준에 맞는 영어 원서를 꾸준히 읽게 하면, 영어 어휘가 문맥 속에서 어떤 의미로 쓰이는지를 터득하게 됩니다. 그리고 영어의 표현과 어순에 익숙해지면서 영문법을 자연스럽게 체득해 나갈 수 있습니다.

돌아서면 잊어버리는 단어? 탄탄한 어휘력 기르려면

'영어 공부는 어휘 공부가 90%'라는 말을 들어 보셨지요? 어학 공부에서 어휘 학습은 가장 기본이고도 핵심적인 파트입니다.

저도 같은 생각을 가지고 있어요. 문법을 잘 몰라도 상황에 적절한 단어 몇 개만 선택해서 말하면 의미가 통하기 때문에, 영어 공부의 중심은 언제나 단어 공부여야 합니다.

단어 공부가 이토록 중요한데, 영어 단어를 익히는 데 소홀한 경우가 많습니다. 우리 아이들이 문법이나 독해에 기울이는 노력에 비하면 어휘 공부는 상대적으로 덜 하고 있다는 생각이 자주 들었습니다.

자녀분들은 영어 단어 공부를 어떻게 하나요? 학교나 학원 숙제로 나오니까 수동적으로 암기하고 있지는 않나요? 주로 숙제를 통해 단어 암기를 하다 보니, 학원 가기 30분 전에 수십 개의 단어를 한꺼번에 철자와 뜻만 눈으로 대충 확인하면서 공부할 것입니다. 그런데 이렇게 급히 암기한 영어 단어들은 허무하게도 돌아서자마자 잊어버리게 됩니다. 단어 공부를 성의 없이 해서는 절대로 탄탄한 어휘 실력을 쌓을 수 없습니다.

그러면 영어 단어는 어떻게 공부해야 할까요?

단어를 외울 때 철자와 뜻뿐만 아니라
정확한 발음과 품사, 파생 형태,
문장에서의 쓰임새까지 공부해야 합니다.

예를 들어 observe라는 단어를 처음 외울 때, 철자와 발음을 익히고 동사로서 '관찰하다', '준수하다'라는 두 가지 뜻을 지니고 있다는 것을 인지합니다. 명사형은 '관찰'이라는 뜻일 때 'observation', '준수'라는 뜻일 때는 'observance'이며, 예문을 통해 observe라는 단어는 뒤에 목적어가 필요한 동사임을 확인합니다.

그런데 여기서 의문이 듭니다. 가령 학원 숙제로 오늘 50단어를 암기해 가야 한다고 칩시다. 단어 하나하나의 철자, 뜻, 품사 및 명사형, 동사형, 형용사형 등의 파생 단어 형태, 예문에서의 쓰임까지 모두 익힌다는 게 과연 가능할까요?

당연히 처음에는 단어 공부하는 데에 시간도 오래 걸리고 많이 힘들 거예요. 그렇지만 조금만 참고 며칠, 몇 주, 몇 달을 이렇게 단어에 공을 들여서 공부하다 보면, 단어 공부를 제대로 하는 데 걸리는 시간이 조금씩 줄어들기 시작합니다. 그리하여 아는 단어의 수가 늘어나고 단어에 대한 자신감이 생기면서 영어 실력이 향상되었음을 본인도, 선생님도 알게 되는 순간이 옵니다. 이런 식으로 느리지만 제대로 하는 어휘 공부를 계속하면, 나중에는 내신은 물론이고 수능에서도 통하는 어휘 실력을 기를 수 있습니다.

수학 공부도 해야 하고 영어 문법이나 독해책도 공부해야 하는데, 영어 단어를 하나하나 철저하게 공부할 시간이 어디 있느냐고 하는 분도 있을 겁니다. 고3인 경우, 이렇게 시간이 많이 걸리는 어휘 학습법을 권해 드리기는 힘들어요.

하지만 중학생이라면 이 방법대로 차근차근 실행했을 때 고등학교에서 영어의 전성기를 맞이할 수 있게 됩니다. 제가 생각하는 영어의 전성기란 영어 실력이 탄탄해서 조금만 공부해도 내신과 모의고사 모두에서 좋은 성적을 받고, 영어에서 절약된 시간과 노력을 다른 과목 공부에 쓸 수 있는 상태입니다.

자녀분이 고교생이라면 지금 당장이라도 쓸 수 있는 실용적이고 현실적인 어휘 학습법을 제안해 드립니다. 학교나 학원에서 정한 단어 교재를 공부할 때, 거기 실린 모든 단어를 다 모르진 않을 겁니다. 오늘 60단어를 암기해 가야 한다고 해도 그중에는 이미 알고 있는 단어도 있고, 지난번에 암기했다가 잊어버려서 알쏭달쏭한 단어도 상당수 섞여 있습니다.

이미 아는 단어는 예문 정도만 확인하고 넘어가세요.
그리고 암기했다가 잊어버린 단어와
완전히 새로운 단어만 '뜻, 품사, 파생형,
예문에서의 쓰임' 등을 확인하면서 공부하길 권합니다.

단어는 한번 암기했다고 계속 머리에 남아 있는 게 아니라, 마치 미꾸라지처럼 잡았나 싶으면 어느새 기억에서 미끄러져 나가니까 보고 또 보는 반복 학습이 꼭 필요합니다.

그리고 맥락 없이 단어만 공부하는 단어장 학습보다는 영어 지문 속에서 새로운 단어를 익히는 것이 보다 의미 있는 단어 공부입니다.

영어 어휘력을 기르는 데
영어 원서 읽기만큼 좋은 것은 없습니다.

'영어 스토리북'이라는 비교적 긴 지문 속에서 어떤 단어를 책의 여러 부분에서 맥락과 함께 만나고 또 만나면서 그 단어의 진정한 뜻과 쓰임새를 자연스럽게 익힐 수 있어요.

이렇게 맥락이 있는 문장 속에서 여러 차례 익힌 영어 어휘는 쉽게 잊히지 않고 오래 남아서, 보자마자 알아볼 수 있는 단어가 됩니다. 영작이나 영어 말하기 상황에서 필요할 때 언제든지 끄집어내 쓸 수 있는 진정한 무기가 되어 줄 것입니다.

그런데 고교생은 영어 원서를 읽을 시간적 여유가 없는 경우가 많으니, 좀 더 현실적인 방법을 권해 드립니다. 독해 지문의 문맥 속에서 단어를 익히게 하는 것이지요. 문맥상 이 새 단어가 무슨 뜻을 가진 단어인지를 유추해 보면서 일단 지문을 통독한 후, 확인 학습으로 그 단어를 찾아보고 그 단어의 뜻과 쓰임새를 파악하는 훈련이 아주 좋은 영어 공부 방법입니다.

어떤 단어는 단어 교재에서 예문과 함께 익히고, 다른 단어는 독해 지문에서 문맥과 함께 익힌 후 반복 학습을 통해 완전히 자신의 단어로 만들어 보세요. 이 과정에서 단어 하나하나를 제대로 공부하는 데 오래 걸리고 노력이 두세 배나 더 들긴 합니다. 그래도 이렇게 차곡차곡 견고하게 쌓아 올린 어휘력은 영어 실력의 파이프라인을 만드는 핵심 작업이 될 것입니다.

이것만은 꼭!

영어 실력의 가장 기본은 어휘력입니다. 단어를 알아야 독해나 청해가 가능하기 때문입니다. 하지만 영어 어휘력은 단기간에 구축되는 것이 아닙니다. 그러므로 새로 공부하는 각 단어마다 철자, 발음, 뜻, 품사, 파생형, 예문에서의 쓰임 등을 익히면서 제대로 공부하고, 이미 공부한 단어도 반복 학습을 통해 완전히 자기 단어로 만들어야 합니다. 이러한 작업에는 오랜 시간이 걸리고, 많은 노력이 필요합니다. 그렇긴 해도 이런 식으로 쌓은 탄탄한 어휘력은 영어 실력을 뒷받침하는 큰 힘이 되어 줄 것입니다.

영어 문법은 어떻게 공부해야 할까?

중학교와 고등학교 영어 내신은 물론이고 수능에서까지 통하는 영어 실력을 기르려면, 탄탄한 어휘력과 함께 문법 실력도 제대로 갖추어야 합니다.

영어 문법책 하면 무엇이 가장 먼저 떠오르세요? 우리 시절에 많이 봤던 두껍고 어려운 고교 문법책이 생각나시죠? 그런데 수십 년이 지난 지금도 이렇게 두껍고 어려운 고교 문법책을 보면서 문법만을 위한 문법 공부를 하고 있는 자녀들이 있나요? 특별한 경우가 아니라면, 이제는 더 이상 이렇게 어려운 문법책을 공부하지 않아도 됩니다.

내신과 수능에서 모두 통하는 영어 실력을 기르려면 영어 문법 공부는 어디까지 해야 할까요?

수능에서는 어법 문제를 묻는 유형이 몇 개로 정해져 있고,
고교 내신에서도 사소한 문법 사항들은
더 이상 출제되고 있지 않습니다.

그렇기 때문에 무리해서 어려운 고교 수준 문법책을 볼 필요는 없다고 봅니다. 중3 수준의 꽤 두꺼운 문법책 한 권을 두세 번 반복해서 꼼꼼하게 공부하면 고교 영어 대비로 충분해요. 그래도 불안하시다면 고교 수준 문법 기본편 교재나 수능 어법 기본 교재를 한 권 정도만 반복해서 보게 하시면 될 듯합니다.

중고생 수준에서 공부해야 할 영문법의 범위가 부모님들의 학창 시절에 비해서 상당히 축소되었다는 느낌이 드시죠?

그러나 질적으로는 문법이 좀 더 읽기와 듣기,
말하기와 쓰기에 도움이 되는 쪽으로,
다시 말해 의사소통 중심의 실용적 문법으로
업그레이드되었습니다.

그렇다면 영문법 공부는 어떻게 하면 좋을까요?

영문법의 가장 핵심 파트는 동사의 쓰임입니다. 동사의 시제와 동사 뒤에 오는 문장 구조를 파악하는 것이 영어 문장을 이해하고 영어 문장을 만드는 법을 익히는 기본이지요. 영어 문장은 모두 주어와 동사로 시작합니다. 주어 자리에는 명사나 대명사, 또는 명사구나 명사절 등이 올 수 있어요.

그런데 문제는 동사부터 시작됩니다. 동사마다 성질이 달라서 어떤 동사 뒤에 어떤 성분의 단어들이 오는지, 그리고 그 성분들은 어떤 순서로 배치되는지를 파악하는 것이 바로 문법이며, 이러한 동사별 단어 배열법을 익히면 누구나 원하는 문장을 만들어 낼 수 있어요.

요즘 세대의 영어 문법 공부는 문장 구조를 파악하고 문장을 만들어

내는 능력을 배양하는 쪽으로 간소화되었습니다. '명사의 복수형에 s를 붙여야 한다'와 같은 지엽적이고 사소한 문법보다는 '동사 get 뒤에 어떤 구조의 단어 배열이 올 수 있나?'와 같은, 동사 위주의 굵고 스케일이 큰 문법을 익혀 두는 것이 영어 독해와 청해에서 진정한 실력을 길러 줍니다.

무수히 많은 영어 문장들을 분석해 보면 모두 다섯 가지의 문장 형식 중 하나에 해당됩니다. 동사를 중심으로 만들어지는 문장의 다섯 가지 형식을 익혀서 활용하면, 문장 구조 파악이 쉬워지고 문장도 자유자재로 만들 수 있습니다.

따라서 문장 형식만 제대로 이해한다면,
이미 알고 있는 영어 단어 몇 개를
선택하고 배열함으로써
충분히 이해 가능한 영어 문장을
만들어 낼 수가 있지요.

예를 들어 동사 get은 1형식부터 5형식 문형에 모두 쓰이는 동사입니다. 이때 동사 get 뒤에 오는 단어 배열 구조를 살펴볼까요? 각 문장 형식에 따라 get의 의미가 달라지는 것을 볼 수 있습니다.

1형식 주어 + 동사

John got to the station at 2 o'clock.
주어 동사
(존은 역에 두 시에 도착했다.)

2형식 주어 + 동사 + 주격 보어

She got angry at the moment.
주어 동사 주격 보어
(그녀는 그 순간 화나게 되었다.)

3형식 주어+ 동사 + 목적어

Ann got the jacket at the shop.
주어 동사 목적어
(앤는 그 재킷을 그 상점에서 샀다.)

4형식 주어 + 동사 + 간접 목적어 + 직접 목적어

She got her son a bike.
주어 동사 간접 목적어 직접 목적어
(그녀는 아들에게 자전거를 한 대 사 주었다.)

5형식 주어 + 동사 + 목적어 + 목적격 보어

They got me to do the work.
주어 동사 목적어 목적격 보어
(그들은 나에게 그 일을 하도록 시켰다.)

하나의 동사가 여러 문장 형식에서 다양한 뜻으로 쓰인다는 게 참으로 놀랍지 않으세요?

그런데 다행스럽게도 get은 특이한 경우입니다. 대부분의 동사는 한두 가지 형식에서 주로 쓰이니까 걱정하실 필요는 없습니다. 단어를 익힐 때 그 단어가 동사라면 문장에서 몇 형식에 쓰이는지 예문을 통해 파악해 두는 것이 좋지요.

동사는 영어 어휘에서 큰 비중을 차지할 만큼 그 수가 참 많습니다. 그 많은 동사들이 몇 형식에 쓰이는지 어떻게 일일이 파악할 수 있을까요?

단어를 새로 배울 때, 그 단어가 동사라면
반드시 예문을 확인하고 몇 형식에 쓰였는지
파악하는 습관을 길러 두세요.

그러면 동사들의 쓰임에 차츰 익숙해질 것입니다.

물론 동사마다 배우는 족족 예문을 보면서 쓰임새를 파악하려면 많은 시간과 노력이 필요합니다. 하지만 동사의 쓰임새를 파악해 두어야 그 동사를 이용해서 문장을 만들 수 있고, 그 동사가 쓰인 문장을 보자마자 빠른 속도로 바로 이해할 수도 있습니다.

이것만은 꼭!

영어 문법은 영어 단어들이 배열되어 문장을 만드는 규칙입니다. 영어 어휘를 적절하게 배열해서 말이 되는 문장으로 만들어 주는 역할을 하는 것이 바로 문법입니다. 영어를 외국어로 배우는 경우, 가장 일반적인 영작 방법이 바로 문장 형식을 익히고 이것을 활용해서 문장을 만드는 것입니다. 이렇게 동사를 중심으로 그 동사 뒤에 어떤 구조의 단어들이 어떤 순서로 배열되는지를 익히는 것은 영어 문장을 만드는 일뿐만 아니라 영어 문장을 독해하고 청해하는 데도 큰 도움이 됩니다.

4부 입시의 실제

1장

자녀에게 유리한 고교 선택 방법

우리 아이에게 유리한 고교, 어떻게 선택할까?

중학생 자녀를 두신 부모님, 자녀의 고교 진학에 대해 많은 고민을 하고 계시죠? '우리 아이에게 적합한 고교가 어디일까?', '어느 고등학교에 보내야 우리 아이에게 유리할까?' 하고요.

아이가 중학생 때, 저 역시 이런 궁리들을 많이 했습니다. 고입이 단순히 거기서 끝나지 않고 대입과도 밀접한 관련이 있는 게 현실입니다. 어느 고등학교를 가느냐에 따라서 자녀의 적응도도 다르고, 학교의 학생 관리도 달라서 대입 결과가 달라질 수 있지요.

자녀에게 유리한 고교를 선택하기 위해서 반드시 고려해야 할 점은 무엇일까요?

첫째,
가장 먼저 고려해야 하는 점은
아이의 성향입니다.

자녀가 소신이 뚜렷하고 옆에서 무슨 소동이 있어도 흔들림 없이 자기 공부를 해내는 성격인가요? 그렇다면 굳이 힘들게 고등학교를 고를 필요 없이 아이의 희망에 따르셔도 무방합니다.

문제는 제 아이처럼 주변 분위기에 많이 영향을 받는 경우입니다. 학교 분위기, 학급의 면학 분위기, 교우 관계 등에 많이 좌우된다면, 면학 분위기가 좋은 고교에 보내는 것이 더 나은 선택인 것 같습니다. 그래서 고등학교를 결정할 때도 이러한 아이의 성향을 고려해서 면학 분위기를 가장 중요한 선택 기준으로 삼았어요.

면학 분위기가 좋은 고교를 고르려면 꼭 특목고나 자사고에 보내야 할까요? 가까이에 특목고나 자사고가 없는 지역도 많습니다. 이런 경우에는 일반고 중에서도 그 지역에서 면학 분위기가 상대적으로 더 좋다는 평가를 받는 곳을 선택하면 됩니다. 그런데 주변에 그러한 학교들이 있고, 자녀가 특목고나 자사고를 지원하고자 하는 경우라면 유의해야 할 점이 있습니다. 영재고나 과학고는 앞으로도 계속 유지·존속될 것으로 보이지만 외고나 자사고는 사정이 다릅니다. 2025학년도부터 외고와 자사고 등을 일반고로 일괄 전환하겠다는 교육부 방침이 발표된 상황이고, 사정상 그 이전에 자사고 지정이 취소되는 경우도 있으니 주의가 필요합니다.

자녀의 현재 연령에 따라 자사고나 외고와 같은 고교에 다닐 수 있고, 아니면 자녀분이 속한 학년부터 해당 학교가 일반고로 전환될 수도 있습니다. 자사고나 외고 등이 일반고로 전환되기 직전 학년이라면, 자녀분은 자사고에 다니는데 그 후배 학년은 일반고에 다니는 뜻밖의 상황이 발생할 수도 있습니다.

실제로 제 아이도 서울 강북 소재 광역 단위 자사고였던 D고를 다녔는데, 아이가 고3 때부터 일반고로 전환될 예정이라는 소식이 들렸습니다. 그러더니 아이가 졸업한 후에 자사고 지정이 취소되고 일반고로 전환되어 신입생을 모집했어요. 아이는 졸업반이라 별다른 동요 없이 보냈지만, 바로 다음 후배 학년과 부모들은 이러한 방침에 항의하며 집회와 시위에 참여하는 등 혼란과 진통을 겪었다고 해요. 같은 학교인데도 제 아이의 1~2년 후배들은 자사고인 D고를 다녔고, 3년 후배부터는 일반고인 D고를 다녔습니다. 자사고나 외고에 지원하고자 하는 학생들과 부모님께서는 이런 점도 고려하셔야 합니다.

둘째,
자녀의 학습 상황과 태도를
고려해야 합니다.

우리 아이가 고등학교에서도 통할 정도로 흔들림 없는 국영수 실력을 갖추었는지, 또는 조금만 공부해도 성적이 나오는 중학교 내신에서만 통하는 얕은 실력을 가졌는지를 꼭 파악하셔야 합니다. 만약 국영수 실력이 최상위권에 속한다면, 특목고나 자사고, 일반고 등 어떤 고교에 가서도 상위권을 차지할 수 있습니다. 그러니 자녀가 희망하는 고교를 선택하시면 됩니다. 하지만 국영수 실력이 그냥 상위권일 때는 현재 실력에 대한 냉정한 판단이 필요합니다.

실제로 중학교에서 전교권의 성적을 내던 학생도 자사고에 가면 4등급 이하를, 일반고에서조차도 3등급 정도의 아쉬운 내신을 받는 경우가 많습니다. 그만큼 중학교 내신과 고등학교 내신은 그 수준과 치열함에서 엄청난 차이를 보입니다.

중학교에서는 조금만 공부해도 쉽게 90점 이상 받던 학생이 고등학교 내신에서는 80점을 받기도 힘든 게 현실입니다. 이러한 현실을 고려하여 자녀의 국영수 실력을 객관적으로 판단하셔야 합니다. 중학교에서 우등생이었더라도 국영수 중 특정 과목에 특별히 뛰어나지 않고 골고루 90점 이상을 받아 왔다면, 자사고보다는 일반고에 진학하는 편이 유리합니다. 그리고 일반고 중에서도 내신 경쟁이 덜 치열한 곳에서 내신을 잘 받도록 하는 것이 현실적이고 현명한 선택이지요.

또한 자녀의 학습 상황, 실력뿐만 아니라 학습 태도나 의지도 중요합니다. 자녀의 학습 태도가 성실한지, 학습 의욕이 높은지, 공부에 싫증을 내면서 마지못해 겨우 하는 정도인지 잘 살펴야 합니다. 성실하고 학업 의지가 강하다면 자사고나 일반고 어느 고교에나 진학시켜도 좋습니다. 그러나 중3 때까지 학습 태도가 그다지 성실하지 않다고 판단되면, 일반고 중에서도 상대적으로 내신 경쟁이 덜 치열한 곳으로 보내는 편이 내신 관리에 유리합니다.

셋째,
자녀에게 유리한 고교 선택 시,
자녀의 특기를 고려해야 합니다.

자녀가 수학이나 과학에 특기가 있는지, 외국어에 특기가 있는지, 예체능에 특기가 있는지를 잘 파악하셔야 합니다. 특기가 뚜렷하고 본인이 원한다면 특목고를 추천합니다.

제 아이는 글쓰기와 토론하기 같은 문과 분야에 특기가 있었습니다. 그래서 수시에서 강세를 보이면서 각종 대회나 활동 프로그램이 풍부한 자사고에 진학시키면 교내 대회에서 조그만 상들은 충분히 받아 올 수 있을 것으로 기대했지요. 실제로 제 아이는 고교 진학 후, 보고서 발표나 토론대회 등의 분야에서 여러 차례 수상 실적을 냈습니다.

넷째,
지원하고자 하는 고교의 대학 입시 결과를 구체적으로 살피셔야 합니다.

그 고교가 작년에 주요대학에 수시 전형으로 몇 명, 정시로 몇 명을 합격시켰는지, 그리고 인문·사회 계열, 자연 계열 등 계열별 합격 인원수까지 구체적인 자료를 입수하시는 것이 좋습니다. 해당 고교의 입학 설명회를 그 학교에서 개최하거나 온라인 설명회를 하는 경우가 많습니다. 그러니 학교 홈페이지나 입학 담당 부서에 문의하셔서 관심 있는 고교의 입학 설명회에 반드시 참석하실 필요가 있어요. 가능하다면 자녀와 함께 참석하시면 더욱 좋습니다.

고교 입학 설명회를 놓친 경우에는 학교 알리미 서비스를 활용해서 해당 고교의 정보를 확인할 수 있습니다. 그리고 지원하고자 하는 고교를 직접 방문해서 입학 담당 교사와 상담을 하는 방법도 있어요. 이렇게 직접 방문해서 개별적으로 상담을 하면 해당 고교에 대한 더욱 정밀한 자료도 얻을 수 있습니다.

개별 입시 상담 때 어떻게 하는 것이 좋을까요?

지원하고자 생각해 둔 고교에
개인 면담을 가실 때는 질문할 사항들을
미리 구체적으로 생각해서
메모해 가기를 권합니다.

귀한 시간을 쪼개서 가신 상담인데, 정말 알고 싶었던 것들을 남의 눈치를 보시지 않고 제대로 여쭤 볼 수 있는 기회이므로 이를 최대한 활용하셔야 합니다. 특히 아이의 희망 분야나 희망 학과가 정해진 경우, 그 학과에 합격한 선배들의 인원수처럼 아주 세부적인 자료까지 요청하셔서 확인하실 수 있습니다.

이것만은 꼭!

고교를 선택할 때, 자녀의 성향, 학습 상황이나 태도, 특기 등을 고려하여 가장 알맞은 고교를 선택하는 것이 좋습니다. 자녀가 주변 분위기에 많이 좌우된다면, 면학 분위기가 좋은 학교를 선택하실 것을 권합니다. 자녀가 국영수 실력 등 학습의 기본기를 어느 정도 갖추었는지, 학습 태도가 성실한지에 따라서 내신 경쟁이 치열한 곳을 피해야 할지 여부도 판단하셔야 합니다.

그리고 고교의 대입 실적을 구체적으로 확인해 보시고, 자녀에게 유리한 고교를 결정하셔야 합니다. 최근 대입에서는 정시 비중을 높여 가는 추세이므로, 자녀분이 대입을 치르게 될 연도의 입시 제도에 대해 미리 알아보실 필요가 있습니다. 자녀가 대입을 치르는 해에 정시 비중이 절반을 넘는다면, 고교의 면학 분위기와 학생 관리 능력이 고입 선택의 가장 중요한 기준이 될 수 있기 때문입니다.

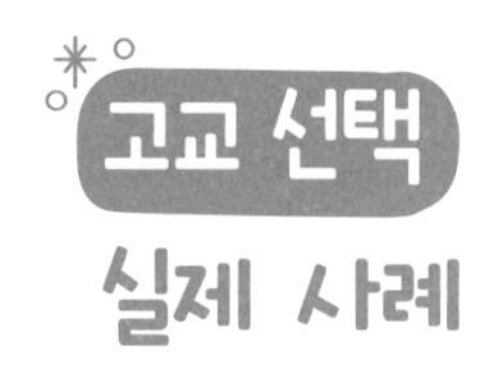

우리 아이는 중2 때까지 성적이 우수했으나, 그 무렵 사춘기가 시작되어 공부를 소홀히 하면서 성적이 조금씩 떨어지고 있었습니다. 중3이 끝나갈 때까지 사춘기의 기세가 꺾일 기미가 없어서 고교 선택에 더욱 어려움을 겪었어요. 살던 집 근처에 두 곳의 자사고가 있었습니다. 그런데 두 학교 모두 내신 경쟁이 너무 치열해서 수시 전형보다는 수능을 봐서 대학을 가는 정시 전형을 통해 학생들을 명문대에 많이 보내고 있었지요.

저는 두 고교의 입학 설명회에 다니면서 둘 중 어느 곳이 아이에게 더 맞을지 고민했습니다. 아이는 국영수의 기본 실력은 어느 정도 갖추고 있었으나, 사춘기가 한창 진행 중이라 아직 마음을 잡지 못한 상태였지요. 그렇다 보니 내신 경쟁이 치열한 목동 소재 자사고를 보내는 것이 좋은 선택일지 확신이 없었습니다. 제 아이는 친구를 좋아하고 친구들에게 큰 영향을 받고 학교나 학급 분위기에도 많이 좌우되는 성향을 지녔어요. 그래서 수업 분위기가 일반고보다는 상대적으로 좋은 자사고에 보내는 것이 낫겠다는 생각을 막연히 하고 있었어요.

성향을 보면 면학 분위기가 좋은 자사고로 보내는 것이 나아 보였는데, 학습 태도나 성실도를 보면 내신이 치열한 자사고에 보내는 것은 위험해 보였지요. 그래서 저는 이러지도 저러지도 못하는 상황에 또다시 놓였습니다.

그러던 어느 날, 지인으로부터 강북에 있는 자사고인 D고에 대한 이야기를 들었습니다. 제 아이가 치른 2019학년도 대입에서는 '인(in)서울' 주요 대학에서 대세라고 할 만큼 '수시 학생부 종합전형'(이하 '학종')이 우세했습니다. 그런데 마침 D고가 다양하고 우수한 학교 프로그램을 가지고 있어서 수시 학종으로 '인서울' 대학에 많이 보내고 있다는 정보였습니다.

이 이야기를 듣고 저는 순간적으로
'아, 이 학교구나!' 하는 생각이 들더군요.

D고는 자사고여서 면학 분위기가 좋으면서도, 목동 지역보다는 내신 경쟁이 덜 치열하다는 두 가지 장점을 모두 갖추고 있었습니다. 한마디로 그 당시 아이의 상황에 가장 잘 맞는 학교였지요.

그런데 한 가지 문제가 있었어요. 제 아이 때는 자사고가 전기고에 속했기 때문에 자사고를 지원하려면 원서를 접수해야 했습니다. D고 이야기를 들은 날은 원서 접수를 불과 일주일 정도 앞둔 상황이었지요. 학교 자체 입학 설명회도 한 달 전에 이미 끝난 상황이어서, D고에 대해 자세히 알아볼 시간적 여유가 없었습니다. 급한 마음에 D고에 직접 전화해서 입학 담당 선생님께 개별 상담을 신청하고, 그날 바로 방문해서 상담을 받았습니다.

같은 서울이지만, 한 번도 안 가본 동네를 비가 오는 궂은 날씨에 찾아가는 일은 여간 힘든 일이 아니었습니다. 그러나 제 아이에게 딱 맞아 보이는 고등학교에 대해 제대로 알아보아야만 했기에, 용기를 내어 입학 상담을 받으러 간 것입니다.

상담 가기 전에 이 학교에 대해
궁금한 점을 미리 생각해 보고
질문을 메모해서 갔어요.

입학 담당 선생님께서는 학교의 대입 실적 자료를 직접 보여 주시면서 친절하게 상담해 주셨습니다.

먼저, 제 아이가 문과 성향인 듯해서 인문·사회 계열의 대학에 합격한 사례 위주로 대입 결과 자료를 요청해서 살펴보았습니다. D고는 남고여서 자연 계열 학생이 많았고, 인문·사회 계열 학생이 학년당 100명 정도밖에 안 되었습니다. 그런 불리한 상황인데도 '인서울' 주요 대학에 상당수의 학생이 진학했다는 것을 직접 확인할 수 있었어요.

제 아이는 일찌감치 경영학과로 진로를 정하고 있었기 때문에, 이 고등학교 졸업생 중에서 경영학과나 경제학과로 진학한 학생 수에 대해 특히 관심을 갖고 여쭤 보았습니다. 놀랍게도 이 학교 문과생 중 많은 학생이 주요 대학의 경영학과나 경제학과 쪽으로 진학했더군요.

그 다음으로 알아본 것은 이 고교의 교육 과정과 특색 있는 교육 프로그램이었습니다. 교육 과정상 '경제' 교과가 개설되어 있는지를 확인해 보았고, 대표적인 활동이나 특화된 프로그램이 무엇인지를 집중적으로 알아보았습니다. 그 결과 '경제' 교과가 2학년에 편성되어 있었고, 학생들의 능력과 개성을 살릴 수 있는 여러 대회나 동아리 활동, 학술 활동 등 우수한 교육 프로그램들이 있다는 것도 알 수 있었지요.

D고를 직접 방문해서 입학 상담을 받고 나니, 이 학교에 대한 확신이 더욱 커졌습니다. 그래서 아이, 남편과 의논해서 D고에 원서를 접수했습니다. 제 아이는 서류 전형과 면접시험을 거쳐 D고에 입학하게 되었습니다.

이것만은 꼭!

저는 아이에게 적합한 고교를 선택할 때, 아이의 성향, 학습 상황 및 학습 태도, 그리고 고교의 입시 결과와 교육 프로그램 등을 모두 고려했습니다. 앞으로는 수능을 봐서 대학에 가는 '정시' 비중이 더 높아질 전망이어서 제 아이 때에 비해 내신이 상대적으로 덜 중요해질 것으로 보입니다. 대입 제도는 해마다 조금씩 바뀌고 있지만, 대입 사전 예고제 등을 통해 이러한 대입 제도의 변화를 미리 알려 주고 있어요. 그러니 자녀가 대입을 치르게 될 연도의 입시 제도 변화에 미리 대비하시고, 이에 맞게 고입 계획도 세워 나가시기를 권해 드립니다.

2장

학교생활기록부의 이해와 200% 활용법

수시와 학교생활기록부

다들 아시겠지만 '수시'라는 대입 제도는 20세기 말 도입 당시에는 작은 규모로 시행되었습니다. 이후 2000년대 들어 대입에 입학 사정관 제도가 도입되었지요. 그리고 2010년대 들어서는 '학생부 전형', 그중에서도 20%대 규모를 차지하는 '학생부 종합전형'으로 대표되는 등, 수차례 변화를 거쳤습니다.

이 과정에서 학교생활기록부(이하 '학생부')의 중요성이 점점 커졌습니다. 교과 성적과 출결사항 등 간단한 사항만 반영하다가, 학생부와 자기소개서(이하 '자소서')와 추천서 및 증빙 서류가 평가 근거가 되고, 현재는 특별한 사유가 없다면 증빙 서류를 제외하고 학생부와 자소서 및 추천서만으로 평가가 이루어집니다. 상위권이라고 불리는 대학일수록 학교의 교과 성적이 가장 중요한 점은 그대로입니다. 하지만 이전에는 소위 '스펙'이라는 것을 잔뜩 쌓아 자소서에 적고 증빙 서류로 증명하는 방식으로 약간의 역전이 가능했다면, 학생부 기재 내용과 증빙 서류 제출에 제한을 둔 지금은 역전 가능성이 많이 봉쇄되었지요.

대입 제도는 '2021학년도 대입'에 이르러 또 하나의 급격한 변화를 맞이합니다. 서류 블라인드 제도가 그것입니다. 고교 등급제나 학교 후광 효과 등의 논란을 일으키는 지원자의 학교 정보를 볼 수 없도록 하자는 내용이지요. 학생부에 기재 가능한 항목이나 글자 수 등의 제한과 함께 학생부의 중요성을 한층 강화시키는 성격을 띠고 있습니다. 추천서와 자소서는 순차적으로 사라질 예정이라서 '학생부'가 대입의 유일한 평가 근거가 될 예정입니다.

이런 제도가 의도대로 효과를 발휘할지는 미지수입니다.

하지만 학생부가
지금보다 중요해지는 건 분명합니다.

주제 사라마구의 대표작 『눈먼 자들의 도시』에서는 정체불명의 이상 현상 때문에 눈먼 사람들이 기하급수적으로 늘어납니다. '시각'이 사라진 세상에서 상대방을 알아볼 수 있는 방법이 한 가지만 남는다면, 보여 주고 싶은 쪽과 보려는 쪽 모두가 간절해지지 않을까요? 학생부 역시 마찬가지 이유로 중요성이 더욱 부각될 것으로 보입니다.

그러다보니 학생부의 양이나 관련 민원이 점점 늘어나고 있습니다. 제도의 시행 목적은 '공교육 정상화'나 '학생의 다양한 가능성 개발' 및 '대입 공정성 강화' 등입니다. 그럼에도 학생부 기재 지역이나 학교 및 교사의 격차, 기재 내용의 학생 작성, 학생부 관리 고액 컨설팅 등이 오히려 사교육을 조장하고 대입 공정성을 해치는 것이 아니냐는 논란이 계속됩니다.

반대로 학교생활의 충실도나 수업의 다양화, 지역이나 학교 균형 성격의 선발 등 긍정적인 목소리도 많이 나옵니다.

서로 일리가 있는 긍정과 부정의 목소리가 충돌하는 가운데, 지금 주목해야 하는 것은 '우리는 무엇을 할 수 있을까'입니다. 흔히 하는 말처럼 '정답'은 없고 긍정이나 부정적인 효과만 있는 제도는 사실상 없다고 봐야 합니다. 그러니 우리는 이 상황에서 '어떻게 긍정적으로 만들어 갈 것인지'를 고민해야 합니다.

"말하지 않아도 알아요."

사람 사이의 '정(情)'은 말하지 않아도 알 수 있겠지만, 이 세상에는 표현하지 않으면 알 수 없는 것들도 있기 마련이지요. 대입 수시에서 학생부가 지니는 의미를 간단히 말하면 '유일한 감각 수단이자 표현 수단'입니다.

> 학생부를 학교생활의 결과로 생각할 게 아니라
> 학생 자신이 학교생활을 어떻게 하고 있는지,
> 무엇을 해야 할지 이끌어 주는 지표로
> 삼아야 할 때가 되었습니다.

이것만은 꼭!

어떤 문제를 해결할 수단이 하나밖에 없다는 건 참으로 막막하고 답답한 일입니다. 각자 다를 수 있지만 일반적으로 대입의 목표는 '안정' 또는 그로 인해 따라올 것으로 생각하는 '행복'일 것입니다. 대입이 아니어도 세상은 누구도 알 수 없게 급변하고 있습니다. 세상에 따라 긍정적으로 살아가는 것은 우리의 몫입니다. '자녀에게 물고기를 잡아 주기보다는 물고기 잡는 방법을 가르치라'는 말이 있지요. 대입 그 자체가 아니라 중심을 잡고 변하는 환경에 적응하는 법을 익히는 것이 바로 '물고기 잡는 법'입니다. 학생부를 지표로 '좋은 대학 합격'이 아니라 '좋은 사람 되기'를 목표로 해 보는 건 어떨까요?

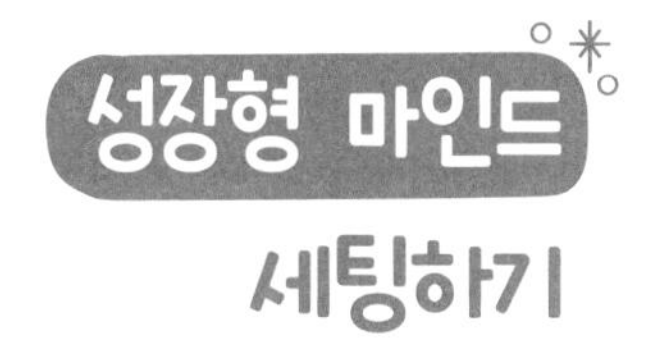

성장형 마인드 세팅하기

학생부 활용법을 말하기 전에 어떤 마음가짐을 가질 것인지 말씀드리는 게 순서입니다. 어떤 마음을 먹느냐에 따라 보이는 것이 다르고 같은 경험을 해도 다른 결과가 나타나기 때문입니다.

"포기하면 바로 그때 시합은 끝나는 거야."

만화 〈슬램덩크〉의 명대사 중 하나입니다. '문제아'에서 '천재 농구 선수 희망자'를 거쳐 '진정한 농구인'이 되어 가는 강백호의 성장기는 남녀를 불문하고 많은 사람에게 사랑을 받았습니다.

대부분의 부모는 아이가 뛰어난 재능을 갖기 바랍니다. 그래서 처음에 무언가를 잘하면 기뻐하지요. 반대로 그렇지 못하면 이내 실망합니다. 뛰어나다고 생각하면 재능을 꽃피울 수 있도록 무언가를 시키고 싶어 하지만, 잘하지 못할 경우 어떻게 해야 할까요? 당장 포기할까요?

아니지요. 잘하는 것을 찾으려고 노력하거나 뭐라도 해서 능력을 향상시키려고 애씁니다. 속마음은 어떨지 몰라도 부모가 포기하지 않으면 아이는 더 성장할 수 있습니다.

아이 본인은 어떨까요? '나는 남보다 뛰어난 사람이야.' 또는 '나는 남보다 뒤떨어져.'라고 생각하는 친구들이 있는가 하면 '나는 더 잘할 수 있어.'라고 생각하는 친구들도 있지요.

이렇게 나뉜 두 부류의 태도를 각각 '고정형 마인드셋(Fixed mindset)'과 '성장형 마인드셋(Growth mindset)'이라고 합니다. 캐롤 드웩 교수는 저서 『마인드셋』을 통해, 대비되는 두 개의 마인드셋을 다루면서 성장형 마인드셋의 필요성을 역설합니다. 그는 TED 강연에서 교사와 부모, 학생 모두가 되새겨 볼 만한 시카고의 한 고등학교를 소개합니다.

Not yet

졸업을 위해 통과해야 하는 몇 과목에서 낙제한 학생들에게 부여된 학점이 바로 '아직 도달하지 못함(Not yet)'이었습니다. 아직 도달하지 못했을 뿐, 성장해서 통과할 수 있다는 것을 깨닫게 하자는 취지지요.

고정형 마인드셋은 본인이 뛰어나다고 생각하는 아이들에게도 부정적인 영향을 줄 수 있습니다. '뛰어나기 때문에' 노력하는 모습과 실패하는 모습을 보이기 싫어서 불안하고 도전하지 않도록 만들 수 있습니다. 스스로가 무능력하다고 판단한 아이들 역시 어차피 실패할 것이기 때문에, 놀림받을 것이 뻔해서 도전하지 않습니다.

모두 성장과는 거리가 멀어지는 길입니다. '성장형 마인드셋'은 간단하게 말해서 '나는 아직, 계속 성장할 수 있다는 마음가짐'입니다. 뇌의 전기 신호를 찍은 결과에서도 고정형 마인드셋의 소유자는 실수했을 때 뇌가 매우 잠잠하지만, 성장형 마인드셋의 소유자는 전반적으로 활성화된다고 합니다. 생각을 한다는 말이지요.

그러면 어떻게 하면 성장형 마인드셋을 가질 수 있을까요?

DEVELOPING A GROWTH MINDSET

INSTEAD OF...	SAY THIS...
I'm not good at this	What am I missing?
I give up	I'll use a different strategy
It's good enough	Is this really my best work?
I can't make this any better	I can always improve
This is too hard	This may take some time
I made a mistake	Mistakes help me to learn
I just can't do this	I am going to train my brain
I'll never be that smart	I will learn how to do this
Plan A didn't work	There's always Plan B
My friend can do it	I will learn from them

그림 성장형 마인드셋을 발달시키는 방법
(https://www.flickr.com/photos/paulapiccard/44966785261/)

그림 왼쪽이 고정형 마인드셋, 오른쪽이 성장형 마인드셋을 가진 사람들이 하는 생각입니다. 나는 어떤지, 그리고 우리 아이는 어떤지 어디 한번 점검해 볼까요?

다음 표에서 왼쪽과 오른쪽 중 자주 하는 생각에 표시해 보세요.

	1	2	3	4	5	
난 못해.						헉! 뭘 놓쳤지?
포기, 포기! good game~!						다른 전략이 필요해!
오예! 80점~ 이 정도면 됐지.^^						이게 최선입니까?
이걸 어떻게 더 좋게 만들어?						난 계속 더 좋아질 거야. ^o^/
너무 어렵다.ㅜㅠ						오호! 시간 좀 걸리겠는걸?!
헉! 실수했다.						실수 덕분에 배웠네. 다음번엔…….
난 그냥 이거 못해!						뇌 훈련 해야겠는데?
절대 저렇게 똑똑할 수 없어.						저거 하는 방법 꼭 배울 거야.
계획 실패, 끝장!						크크~ 항상 예비 계획이 있지롱.
저 친구, 저거 할 수 있네!						저 친구 보고 배워야지.
개수:						**총점:**

(표) 마인드셋 점검표

점수가 어떤가요? 충격받지 마세요. 성장형 마인드셋으로 점수를 높이면 됩니다!

성장형 마인드셋을 원하신다면 둘 중 오른쪽으로 생각하도록 습관 들이면 좋을 것 같습니다. 자기 전에 그날 있었던 일에 대해서 그런 식으로 생각한 뒤 적고 자는 건 어떨까요? 습관 들이기 나름이겠죠? 순간순간 자동적으로 저런 생각을 할 때까지! 하루에 5분 정도 벽에 몸을 쭉 펴서 밀착시키고 서 있는 것만으로도 자세가 좋아진다고 합니다. 하루 중 대부분은 굽은 등으로 지내는데도 말이지요. 하루를 마무리하기 전에 아이와 함께 이야기

나누는 건 어떨까요?

그런데 혹시 아이가 천재가 아니라서 실망하고 계신가요? 〈1부〉 3장의 '3. 전문성 쌓기' 파트에서 언급했던 에릭슨 교수의 '의식적인 연습', 기억나시나요? 페이지를 넘겨서 다시 읽어보기가 번거로운 분들을 위해 '의식적인 연습'을 간단히 되짚어 볼까요?

일단, 목표를 정할 때
현재 수준보다 약간 높은 수준의 구체적인 목표를 설정합니다.
그 목표를 이루기 위해
최대한 자세한 심적 표상을 그려 보고
집중해서 실천합니다.
그 과정들에 대해 전문가의 도움을 받으며
"성찰하는 시간을 반드시" 가집니다.

작고 구체적인 목표가 필요하다고는 했지만 전체적인 방향도 필요하겠지요? 그리고 아인슈타인이 '내가 무엇을, 왜 하고 있는지 항상 생각해야 한다'고 말했었지요?

자신이 무엇을 하고 있는지 스스로 인식하는 것을 '메타인지'라고 합니다. 상위의 인지 방식이지요. 이것을 잘하는 사람일수록 스스로 판단하고 수정하며 보완할 수 있으니 성장 속도가 빠르고 통찰이 뛰어납니다.

지금 '학생부' 이야기를 하던 중이니까 학생부와 연관 지어 이야기해볼까요?

특별한 일이 없다면 학생부는 초·중·고 12년간 기록됩니다. 먼저 교육 과정의 연속성을 기준으로 기간을 나누면, '초등 저학년 3개 학년', '초등 고학년 3개 학년', '중등 3년', '고등 3년' 이렇게 4개로 나뉩니다. 그리고 아이들은 방학을 보내고 오면 전체적으로 분위기가 바뀌는 편인 데다가, 학생부도 학기나 학년 단위로 기록되므로 총 24개의 구간이 있다고 보면 되겠지요.

대체로 새내기가 되면 미숙하고 최고 학년은 성숙한 편입니다. 교사들도 1학년을 맡으면 조금 더 어린 것처럼 행동한다고 할 정도니 아이들은 더하지요. 그래서 최소한 이 4개 중 한 구간에 속해 있는 3년의 계획은 대략이나마 생각해 두는 것이 좋습니다.

대체로 새내기 때는 발산적으로 탐색, 2학년 때는 분야를 좁혀서 관심 분야 중심으로 조금 더 깊게 탐색, 3학년 때는 더욱 깊이 탐색하면서 정리하면서 마무리하면 무난합니다. 3학년은 입시와도 밀접한 관련이 있는 시기이니, 대략적인 활동은 1학기에 마무리하는 것으로 생각합니다. 영재고의 경우 특별히 1학기에 입시가 치러지고 중학교 1, 2학년도 참여 가능하니 영재고에 도전할 계획이 있다면 전년도까지 활동을 마무리한다고 생각하면 되겠습니다.

> 목표와 계획을 세운다는 것은
> 점이 아니라 선으로 나의 모습을
> 생각하는 것입니다.

목표로 하는 나의 모습은 구체적인 상을 그리거나 실천을 할수록 입체적인 모습을 띠기 마련이지요. 그럴수록 자연스럽게 나의 변화하는 모습을 그리게 됩니다. 아무리 고정형 마인드셋을 가지고 있더라도 '성장'이라는 개념이 머릿속에 인식될 수밖에 없는 거지요.

그리고 앞서 말한 메타인지가 가능해집니다. 비교할 무언가가 있기 때문에 지금 나의 위치, 방향, 수정 방법 등을 생각할 수 있는 것입니다. 목표와 계획, 구체적인 실천 방법, 그리고 성찰이 반드시 필요한 이유입니다. 성장형 마인드셋을 갖춘 사람은 자연스럽게 이런 것들을 하고 있고, 반대로 이런 것들을 하면 무의식적으로 성장형 마인드셋에 가까워지겠지요?

다들 아시겠지만
'습관은 제2의 천성'입니다.

부모나 교사가 도울 수 있는 지점이 바로 여기입니다. 눈앞에 목표와 계획을 쓴 종이를 붙여 두는 방식도 있지만, 아무래도 당사자 입장이 되면 눈앞에 있는 것을 좇기 쉽습니다.

게다가 사춘기는 신체적으로나 정서적, 인지적으로도 불안정한 시기지요. 장기나 바둑도 훈수 두는 사람 눈에 잘 보인다고 생각하기 전에 습관으로 행동하도록, 계속해서 떠올리고 수정하며 보완할 수 있도록 묻고 이야기 나누면서 도와주어야 합니다. 가족이 함께 목표와 계획을 세워 보는 것도 좋겠습니다.

아이가 선을 보면서 성장형 마인드를 세팅하도록 돕는다는 점을 꼭 기억하시기 바랍니다.

이것만은 꼭!

가르치는 가장 좋은 방법은 직접 보여 주는 것입니다. 부모님이 성장형 마인드셋을 갖추기 위해 꾸준히 노력한다면, 자녀도 자연스럽게 성장형 마인드셋의 소유자가 될 것입니다. 적어도 아이가 반드시 성장할 거라는 사실만은 굳게 믿어 주세요. 아이가 뛰어나다는 부모의 믿음을 강조하는 게 아니라 '너는 성장하고 있어.' 라고, 그리고 어떤 점이 성장했는지 되도록 구체적으로 말씀해 주세요. 성장형 마인드가 세팅된 아이의 학생부에는 말 그대로 '성장하는 학교생활'이 담기게 될 것입니다.

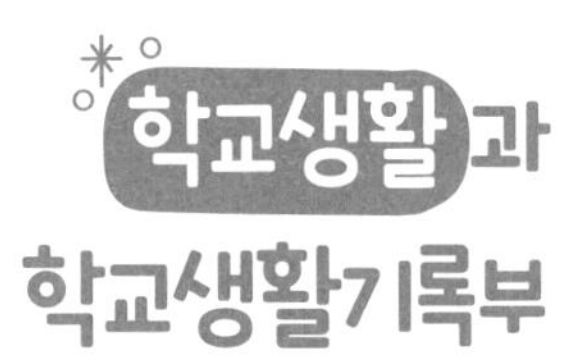

"에듀팟은 교육 서비스이지 입시 서비스가 아닙니다."

얼마 전까지 '에듀팟'이라는 서비스가 있었습니다. 학생의 창의적 체험활동을 스스로 기록하는 서비스인데요. 제가 입학사정관을 할 때는 자소서에 작성한 내용에 대해 증빙 서류를 제출해야 했습니다. 지금은 사라졌지만, 에듀팟을 통해 포트폴리오를 관리하고 대입에 연계할 수 있다고 해서 크게 화제가 된 적이 있습니다. 당시 제가 근무하던 입학 본부장이 위와 같은 말을 했습니다.

그렇습니다. 에듀팟은 교육을 위해 존재하는 서비스이지, 입시를 위해 존재하는 서비스가 아닙니다.

"학교생활기록부는 배움을 위한 기록이지
입시를 위한 기록이 아닙니다."

학교도 마찬가지입니다. 입시도 분명 학교의 활동에 포함되지만 학교는 교육 기관입니다. 교육 기관의 목적은 학생의 배움이지요. 그렇기 때문에 학생부는 학생의 배움으로 이어져야 하고, 그런 의미에서 배움의 과정과 결과를 기록하는 문서라고 할 수 있습니다. 그 결과물이 입시에 활용되기도 하는 것이지요.

원론적인 이야기지만, 이 원론적인 관점과 성장형 마인드셋을 바탕으로 학교생활을 해 나간다면, 비단 입시뿐만 아니라 대학에 가고 나서도 큰 도움이 될 것입니다.

게다가 대입 수시의 유일한 평가 근거가 바로 '학생부'니까요. 그 이유는 무엇일까요?

"자, 이제 침전반응 실험 장면 갑니다~!
레디~ 액션! 컷! 지금 스포이트를 너무 흔들었어요.
위험한 물질을 다룬다는 느낌이 들도록
신중하고 천천히 다루어 주세요.
자, 다시 갑니다. 레디~ 액션!"

학생부가 '○○의 학교생활'이라는 영화라고 생각해 볼까요?

주인공은 ○○이지만, 주인공이 연기해야 할 내용과 장면을 구성하는 것은 감독의 역할입니다. 그리고 배우의 연기를 평가하고 재촬영 여부를 결정하는 것 역시 감독의 몫이며, 최종적으로 '○○의 학교생활'이라는 영화의 형태를 결정하는 사람도 감독입니다. 작품 속 연기는 ○○가 생각하고 표현하지만, 장면의 기획부터 평가에 이르기까지 감독이 총괄하고 기록할 장면을 선택해서 '○○의 학교생활'이라는 영화가 남게 됩니다. 그러고 나면 평론가가 영화를 평가하겠지요.

여기서 교사는 감독의 역할을, 입학 사정관은 평론가의 역할을 맡게 됩니다. 그렇다면 학생부에 대한 감독과 평론가의 입장을 짧게 이야기해 보겠습니다.

학생에게 학생부는
유일무이한 자기만의 기록입니다.
하지만 안타깝게도 교사와 입학사정관에게는
대부분 비슷하거나 일반적인 기록인 경우가 많습니다.

학생의 과제 제출물이나 학생부를 모아서 5개 정도만 봐도 학생 구분이 잘 되지 않는다는 것을 확연히 알 수 있습니다. 더 많이 읽을수록 더 심해져서 아무것도 기억이 안날 정도가 됩니다. 낯선 모임에 나가서 이름을 외우려고 하다 보면 1명, 2명, 3명까지는 기억나지만 10명 정도 되면 아무도 기억 안 나는 그런 느낌이에요.

물론 학생을 직접 만나기도 하는 교사는 특별히 성실하거나 똑똑한 학생 몇몇에 대해서는 쓸 내용이 많을 겁니다. 하지만 대부분의 학생의 경우 쓸 내용이 빈약합니다.

이와 달리 교과 성적은 명확합니다. 점수로 나오니까요. 그래서 일단 점수가 높다면 학교에서 상대적으로 열심히 공부했거나 능력이 뛰어나다고 생각할 여지가 생깁니다.

그런데 입시를 고려하면 여기에도 문제가 있습니다. 학교마다 활동이나 시험의 난이도 등이 달라서 학생의 능력이나 노력을 단순 비교하기 어렵기 때문입니다. 게다가 서류 블라인드 제도가 시행되니 학교 여건을 몰라서 더욱 어렵습니다.

그래서 학생부에서 문장으로 기술된 부분이
더욱 중요해졌습니다.

자, 이제 정리해 보겠습니다.

학생부는 학생의 배움과 성장의 기록입니다. 그런데 학생이 들은 수업 내용이나 모두 함께 수행한 과제물 주제만으로는 개인의 '점수'만 다를 뿐, 모든 학생이 '사실 기록'은 비슷비슷할 수밖에 없습니다.

그런데 입시의 관점에서 보면, 이건 '쓰지 않은 것과 같은' 학생부입니다. 배움과 성장으로 보더라도 학생이나 학부모가 성장의 기회로 삼기 어렵습니다. 그러면 학교생활과 학생부는 어떻게 연결되어야 할까요?

● 나의 1학기를 돌아보면 어떨까요? 아래 내용은 '물리1'에 대한 세부 능력 및 특기 사항 내용입니다. 읽어 보고 아래의 질문에 답해 보세요.

부드러운 경향의 학생으로 타인의 생각을 존중하고 동료의 활동을 북돋우며 지원하여 불필요한 논쟁이나 충돌을 지양하지만, 논리적으로 토론할 때는 논리적으로 날카롭게 파고들거나 실험 내용을 토대로 짚어야 할 지점을 분명히 말하는 단호함도 있음. 궁금한 것은 확실하게 물어보며 문제를 해결하고, 소규모 집단을 자발적으로 이루어 토론하며 생각을 정리하는 유형으로 대화하며, 논리적 사고로 학습하는 능력이 뛰어남. 내용 정리, 토론 및 실험 등 교과 시간의 대부분 활동에 조용하면서도 성실하게 임하면서 적극성을 보임. 학기 중 2번의 모둠 실험에서도 모둠원의 의견과 일정 등을 존중하며 원활한 실험을 진행함. 운동량 보존 실험 보고서에서는 실험이 원활하게 진행될 수 있는 조건이나 설계 과정의 타당성을 설명하고, 두 수레가 부딪힐 때 양쪽 수레 모두 존재하지 않던 위쪽 방향 운동량이 생기는 것을 통해 두 수레가 비스듬하게 충돌한다는 가정의 모순을 지적함. 이를 통해 에어 트랙의 기울어짐에 대해 논리적이고 정량적으로 접근하여 예리하게 지적함. 부드러운 표현으로 타인을 존중하는 모습에 더해, 적극적인 의견 표현과 도전적인 태도를 키워 가며 더욱 성장하기를 기대함.

1. 마음에 드는 문구가 있나요? 있다면 쓰고, 그 이유를 말해 주세요.

마음에 드는 문구 "의견과 일정 등을 존중하며 원활한 실험을 진행함.", "부드러운 표현으로 타인을 존중하는 모습"

그 이유 남과 소통하는 모습과 협력하는 모습이 혼자서 무언가를 해서 좋은 결과를 얻어내는 과정에 비해 더 뜻깊다고 생각합니다. 또 과학을 혼자 연구하는 것이 요즘 시대에는 불가능하기 때문에 이러한 협력적 태도에 대한 표현이 마음에 듭니다.

2. 마음에 걸리는 문구가 있나요? 있다면 쓰고 이유를 말해 주세요.

딱히 없습니다.

3. 내가 생각해 온 나의 모습과 지도교사가 기록한 나의 모습은 어떤 것 같나요? 참고할게요.

토론에 더 적극적으로 참여하지 못한 점이 아쉬웠는데 긍정적으로 봐 주셔서 감사합니다. 모둠 협업에서 협력에 신경을 많이 썼는데 조금 더 봐 주시면 하는 아쉬움이 있습니다.

4. 자신의 '물리1' 세부 능력 및 특기 사항 기록을 보고 든 느낌이나 생각을 편하게 말해주면 좋겠습니다. 서로 나누거나 할 부분이 있다면 이야기 나눠 보면 좋을 것 같습니다.

실험 외에 발표나 모둠 토론에서도 활발한 토론 분위기 형성이나 깊이 있는 논의를 위해 미리 조사하는 등 많이 노력했는데 잘 드러내지 못한 것 같습니다. 2학기에는 조금 더 적극적인 모습으로 생각이나 활동을 드러내고 조언을 듣기 위해 노력하겠습니다.

5. 내가 쓰는 나 자신의 과목별 세부 능력 및 특기 사항을 써 주세요.

잘 모르겠어요.

6. 2학기 '물리2'의 운영과 관련하여 의견이나 느낌 자유롭게 주세요.

시험 기간에 몰린 수행이 조금 힘들었습니다. 수행 평가 시기를 분산시켜 주거나 시험 기간이 아닌 다른 시기에 집중하면 좋겠다는 바람이 있습니다.

7. 앞의 이야기를 토대로 '물리' 교과에서 2학기의 목표와 계획을 세워 본다면 어떤가요?

1학기는 개념 정리나 제 생각 정리에 집중하느라 문제 풀이에 신경을 많이 쓰지 못했던 것 같습니다. 1학기 부분 중 운동 방정식 세우는 부분이 좀 아쉬운데 이후에도 계속 중요한 부분이라, 방학 동안 현상에서 운동 방정식 세우는 부분을 좀 더 연습해 보려고 해요. 그리고 문제를 좀 더 많이 풀면서 기초와 현상 해석 능력을 키우고, 토론이나 실험 등에 적극적으로 참여하려고 합니다.

'내가(쌤이) 보는 1학기 돌아보기'는 제가 운영한 교과의 학생부 기재 내용과 학생이 작성한 실제 사례를 토대로 약간 수정한 자료입니다. 학생 개별로 학생부 기재 내용을 주고 성찰하기를 실시한 것이지요.

학교생활을 바탕으로 학생부가 작성되고 나면 학생이 스스로를 돌아보면서 자기 자신과 교사의 관점을 확인하고, 교사 역시 학생의 관점을 확인하면서 돌아보는 시간을 갖습니다.

나는 나를 어떻게 바라보고 있었는지, 교사는 나를 어떻게 바라보고 있었는지, 반성할 지점은 없는지 등을 돌아보게 됩니다. 더욱 중요한 것은 그래서 다음 학기에 무엇을 어떻게 보완하거나 더욱 정진할지를 생각하는 시간을 갖는 일입니다.

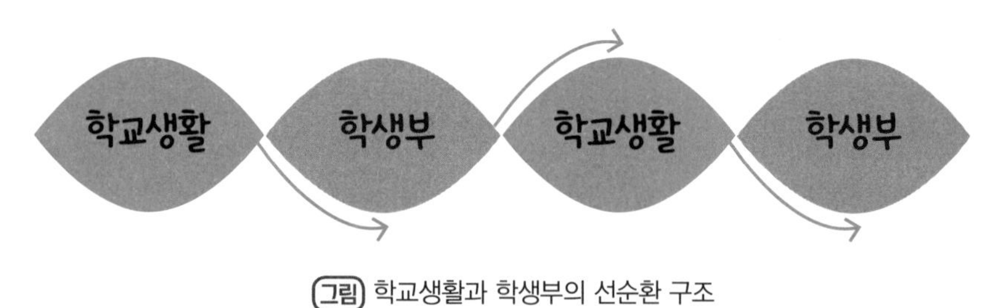

그림 학교생활과 학생부의 선순환 구조

학교생활 기반으로 학생부가 기록되고 이를 토대로 학교생활을 더욱 발전시키는 선순환 구조를 낼 필요가 있습니다.

이런 과정이 앞서 말한 '성장형 마인드셋'과 '의식적인 연습'의 연습이자 실천의 기회가 됩니다.

물론 이것도 학생이 성실하게 수행할 때의 이야기겠지만요.

학기 중에도 여러 방식으로 이런 조언과 수정을 할 기회가 있습니다. 하지만 양이 쌓였을 때 볼 수 있는 것이 있기 때문에 꼭 필요한 일입니다.

그런데 이런 과정을 극단적으로 시행하는 곳이 있습니다. 대학 4년 동안 고전 100권만 읽는다는 교육 과정으로 유명한 세인트존스 대학에서는 학기 마지막 주에 '돈 래그(Don Rag)' 시간을 갖는다고 합니다. 교수가 꾸짖는다는 뜻인데, 한 학기 그 학생을 가르쳤던 교수가 모두 모여 학생을 앞에 두고 교수들끼리 학생에 대해 이야기를 나눕니다. 우리말로 하면 본인을 등 뒤에 놓고 하는 '뒷담화' 정도겠군요.

교수들 간의 뒷담화가 끝나고 나면 학생에게 발언 기회가 주어지고, 최종적으로 교수들이 다음 학기 수강 여부를 결정합니다. 흥미로운 점은 만장일치여야 통과할 수 있고, 조건부 진급이 존재한다는 것입니다. 학생마다 부족한 부분을 메꾸기 위해 제시한 과제를 수행한다는 조건으로 말이지요. 세인트존스 대학만큼은 아니라도, 교사가 시행하지 않더라도 아이 스스로 이런 시간을 갖는 것이 '학생부 200% 활용법'의 기본 뼈대입니다.

그러면 학생부에 어떤 내용이 담기면 학생이 이를 200% 활용하여 배우고 성장할 수 있을까요? 그런 내용이 담기려면 학교생활을 어떻게 해야 할까요?

이것만은 꼭!

"필사즉생 필생즉사(必死卽生 必生卽死)"라는 유명한 말 아시지요? 입시만을 위하면 피곤하기만 하고 얻는 게 적을 것입니다. 반면에 배움과 성장을 위해 애쓴다면 입시에서 좋은 결과가 자연스럽게 따라오게 될 것입니다.

그런데 전형이나 대학마다 다른 면이 있지만 대다수는 학업 능력을 가장 중시하고 있습니다. 교과 성적이 기본적인 학업 능력을 파악하는 데 가장 중요한 요소입니다. 그러므로 교과 성적에 꼭 신경 써야 합니다. 상위권 대학일수록 더더욱 그렇습니다.

바람직한 학교생활기록부와 성장의 노하우

어떤 생활기록부가 바람직한가

'닙(Nib)'의 여행

지하철 생쥐 '닙'은 위험하면서 아름다운 터널 끝을 이야기하는 늙은 생쥐들의 이야기를 좋아했어. 터널 끝을 상상하게 하는 잡동사니를 끌어안고 자기만의 보금자리에 살며 터널 끝을 꿈꿨지.

어느 날, 첫 열차가 지나가며 날린 아주 작은 깃털에 영감을 받은 '닙'은 터널 끝으로의 여행을 결심하지. 갈라진 벽 틈에 끼어 자면서 배고픔을 견디다 또 다른 터널 마을에 도착해. '닙'은 터널 끝이 늙은 생쥐들이 하는 말일 뿐이라던 롤라와 함께 과자 봉지를 깨끗이 핥아 먹고 강낭콩 젤리 도둑으로 몰리기도 하며, 이어지고 이어지고 또 이어진 터널을 끝없이 걸었지. 표지판마저 사라진 곳에서 포기 선언한 롤라가 발견한 작은 깃털을 두고 싸우다 터널 끝에 도달했어. 상상했던 것보다 훨씬 더 위험하고 꿈꿔 왔던 것보다 훨씬 더 아름다운 터널 끝에.

그림책 『터널 밖으로』를 읽고 주인공 '닙'에 대해 기록한 글입니다. 어떠신가요? 닙의 여행에 대해 잘 알 것 같나요?

'nib'은 '펜촉 끝'이라는 뜻입니다. 만약 우리가 닙에 대해서 펜촉 끝처럼 일부만 봤다면 어떨까요? 터널 끝을 꿈만 꾸며 잡동사니만 모으고 있는 '닙'이나, 깃털을 두고 롤라와 싸우는 '닙'만 본다면 말이지요. 그렇게 긍정적이지 않겠지요?

그리고 '닙'이 행동한 단편적인 사실들만 기록하면 우리는 '닙'에 대해 어떻게 생각할까요? 많은 상상이 필요하겠지요? 생쥐 '닙'에게 터널은 길고 긴 여정이었을 겁니다. 그렇지만 여행의 모든 순간을 기록으로 전달하기는 어려운 일입니다.

> 솔직히 말하면 현실적으로 학교에서는
> 모든 학생에 대해 이 정도 기록도 어렵습니다.

'딥(Deep)' 에 대하여

지하철 생쥐 '딥' 은 언제나 새로운 목표를 세우고 이루려는 의지가 높아. 위험하면서 아름다운 터널 끝 이야기를 듣고 목표를 세우더니 터널 끝을 생각나게 하는 잡동사니를 3년 동안 수천 개나 모으더라고.

어느 날, 첫 열차와 함께 지나간 작은 깃털에서 터널 끝 세상에 대한 영감을 얻자마자 터널 끝으로 떠났어. 배고픔과 도둑 누명, 끝없이 이어지는 터널 등 수많은 난관에도 계속 나아갔지. 확실하

고 빠른 실행력과 예리한 직관의 조화가 아주 강점이야. 여행의 시작까지도 그렇지만 포기하는 동료 롤라와의 다툼 속에서도 변화를 알아채고 터널의 끝을 알아냈거든. 의심하는 동료마저 꿈꾸게 하면서 이어간 '딥'은 결국 상상했던 것보다 훨씬 더 위험하고 꿈꿔 왔던 것보다 훨씬 더 아름다운 터널 끝에 다다라서 만족스러워하면서도 더 깊은 터널 속 탐험 계획을 세우고 있어.

이번엔 딥에 대한 기록입니다. 앞서 소개한 '닙의 여행'과 비교했을 때 어떤가요? 그리고 이것이 만약 닙과 딥의 학생부라면 어떨까요? 닙과 딥 중에 누구의 학생부를 보고 성장에 활용하는 게 더 좋을까요? 모험 팀원을 모집한다면 어떤 팀원을 뽑고 싶은가요?

그런데 이때 오해하면 안 되는 점이 하나 있습니다. 학생부는 결과라는 점입니다.

어떤 교정을 거치든
내가 나의 특성과 목표에 대해
뚜렷한 상을 세우는 것이 먼저입니다.

'내가 나를 모르는 데 넌들 나를 알겠느냐~.'

예전의 인기 가요였던 〈타타타〉를 약간 개사해 본 것입니다. 기준이 있어야 평가와 성찰이 더욱 효과적이라는 사실을 꼭 기억해야 합니다. 그 다음 본인의 활동이 있어야 하고, 그것을 선생님과 공유할 수 있어야 합니다. 그 결과로 나타난 학생부를 또 다음 목표와 활동 계획의 밑거름으로 삼아야 하는 것입니다. 무턱대고 학생부만 파 보았자 성장의 동력으로 삼기는 어렵고, 평가의 결과를 확인하고 끝날 뿐입니다.

기준 → 활동 → 학생부 → 성찰과 새로운 기준

학생부에서는 위와 같은 과정이 반복된다는 점을 꼭 기억하세요. 닙과 같은 기록이 되더라도 자연스럽게 성장이나 특성 및 능력이 담기게 됩니다.

바람직한 학교생활기록부와 성장의 노하우

'바람직한 학교생활기록부와 성장의 노하우'와 관련하여 세 가지 방법을 말씀드리겠습니다. 구글링보다 저널링(Journaling), 학교생활 기록하기, 교학상장(敎學相長)입니다.

먼저 저널링부터 소개할게요.

'검색은 사색의 반대말'이라는 말이 있습니다. 검색해서 누군가 쉽게 정리해 놓은 지식을 습득하기만 하는 것은 사색과는 정반대로 깊이가 없다는 뜻이지요. 누군가가 정리한 의견이더라도 그것을 있는 그대로 외우는 것은 단순한 지식일 따름입니다.

앞서 나의 기준이 세워져야 한다고 말씀드렸지요? 이것은 자신에 대해 생각하는 메타인지가 반드시 선행되어야 가능한 일입니다. 목표가 같더라도 특성이나 재능에 따라 과정이나 방법이 다를 수밖에 없습니다. 그리고 자신이 실패하고 되짚으면서 '생각'하지 않고 수용한 것은 영어 단어 철자와 뜻을 단순 암기하는 것과 별반 다르지 않습니다.

이를 위해 '구글링보다 저널링'을 하는 게 좋습니다. 구글링이 지식을 확장하거나 필요한 자료를 찾기에 매우 좋은 방법인 것은 분명합니다. 그러나 스스로 생각하고 검증하며 정리하는 과정이 반드시 필요합니다. 그런 의미에서 구글링이 아니라 저널링이 목적이 되어야 합니다. 소설가 김연수는 에세이집 『시절 일기』에서 일기를 쓰는 것이 삶을 두 번 사는 것과 같다며, 쓸 게 없는 소재마저도 꼭 일기로 쓰라고 강조합니다.

저널링은 일기와 비슷하게 있었던 일이나
생각나는 것을 기록하는 일입니다.

일기와 차이점이 있다면, 일상의 사실만 기록하기도 하는 일기와 달리 자기 생각을 반드시 포함해서 쓴다는 점이지요. 저널링은 심리 치료사들의 자기분석법 중 하나로, 행동이나 생각 및 느낌의 패턴을 인지하여 자신을 인식하는 데 많은 도움이 되는 방법입니다. 일단 쓰면서 양적으로 쌓이면 그런 패턴이 드러나는 것이지요.

자녀가 대입은 물론, 삶을 위해서도 의미 있는 일을 하기를 원하세요? 그렇다면 지금 당장 수첩을 사고, 스마트폰과 컴퓨터에 'Onenote'나 'Evernote' 및 메모 앱 등 누적과 검색이 가능한 기록 앱을 설치하게 하세요. 그리고 쓰도록 해 주세요. 그게 무엇이든 말입니다. 그리고 정기적이 아니더라도 종종 돌아보도록 도와주세요. 구글링 자체는 과정 또는 보조 수단일 뿐입니다. 검색을 하더라도 사색으로 끝나게 해 주세요.

다음으로 '학교생활 기록하기'입니다. 저널링과 맥락은 비슷합니다. 하지만 저널링이 자기 자신에 대한 성찰의 의미라면, '학교생활 기록하기'는 학교생활과 직접 관련이 있는 기록입니다. 과제나 교과 시간에 활동한 기록 및 메모, 조사한 자료나 결과물 등이지요.

학생부는 학생에 대한 기록입니다. 활동한 것이 없거나 머릿속에 있는 것만으로는 기록은커녕 존재 여부조차 알 수 없습니다.

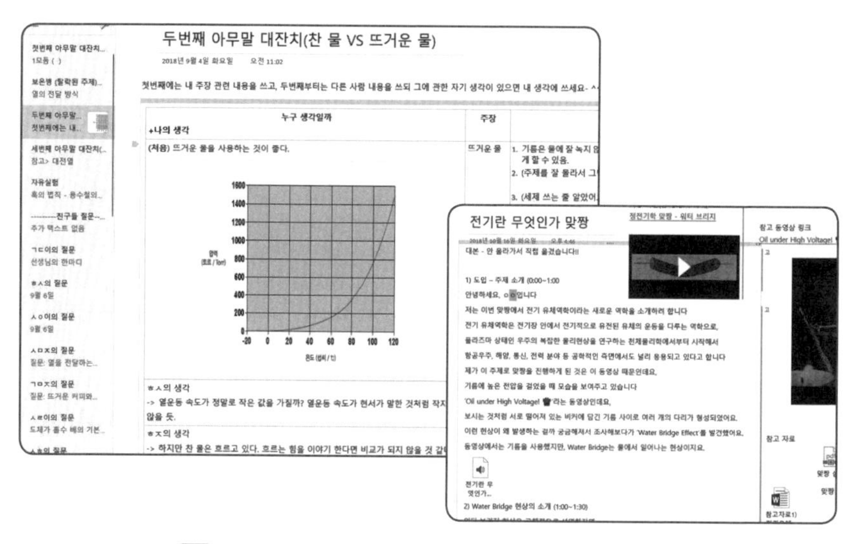

그림 원노트 기록 예시(활동 중/후 학생 메모와 과제 제출물)

저는 윈도우의 'Onenote'와 'teams(팀즈)', 그리고 구글의 '구글 포토'라는 앱의 도움을 받아 학생의 필기나 활동 중 메모, 과제나 관련 탐색 자료, 교과 관련 스스로 한 활동이나 활동 영상을 모아 보고 학생부를 작성합니다. 결과물뿐만 아니라 과정 중에 참고한 자료, 수업 중 메모, 관심 있어서 찾아본 자료 등을 기록하도록 하고 있지요. 그래서 생각의 흐름이나 참고한 자료들을 이해하는 데 큰 도움이 됩니다. 또 한 학기 동안의 교과 관련 기록을 학생별로 모아서 보면 자연스럽게 학생의 학습 방식이나 관심 분야는 물론 생각의 과정, 잠재력이나 능력 등을 알게 됩니다.

제가 Onenote를 활용하는 이유는 교사가 학생의 학습 과정에 대해 잘 알 수 있어서입니다.

하지만 가장 큰 이유는
학생이 기록하는 습관을 들이고
과제 제출과 동시에 자기 자신의 포트폴리오를 생성하고
관리할 수 있기 때문입니다.

이를 통해 교사는 학생의 특성과 역량을 알아가는 데 도움이 되고, 학생은 자기 스스로 기록과 관리 및 성찰하는 능력을 기를 수 있습니다.

이렇게 습관을 들인 학생 중에는 고등학교 2년 반 동안 교과 관련해서만 500페이지 이상의 기록을 남긴 학생도 있습니다. 본인이 한 것을 스스로 돌아본다면, 자기 자신과 학교생활에 대해 더욱 생생하고 깊이 있게 알 수 있습니다.

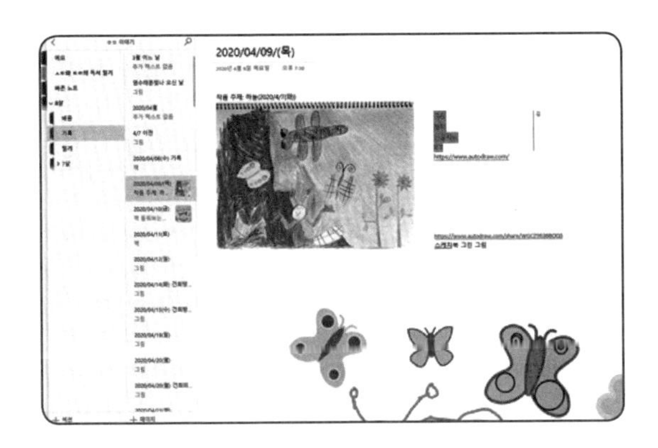

여덟 살 된 우리 아이도 매일 기록하는 습관을 들이도록 하고 있습니다. 이 그림은 '하늘'이라는 주제로 스케치북에 그림을 그리고, 같은 그림을 'autodraw'라는 사이트에 접속해서 인공 지능의 도움을 받아 그린 날의 기록을 남긴 것입니다.

이렇게 하면 글이나 그림, 음성이나 영상, 사이트 스크랩 등 다양한 형태의 기록을 남길 수 있습니다. 아이와 함께 기록해 가는 중이고, 시간이 지날수록 아이 스스로 하고 있습니다. 초등학교 고학년이 되었을 때 아이는 어떤 기록을 남기고 자기 자신에 대해 얼마나 알게 될까요? 먼저 내용과 질을 떠나서 우선 기록하는 습관을 들이도록 도와주세요.

마지막으로 '교학상장(敎學相長)'입니다.

이 말은 '교사는 가르치고 학생은 배우면서 서로 성장한다'는 의미로 인용되곤 하지요. 원래는 한 개인이 배우고 가르치는 과정에서 단단하고 깊어진다는 의미를 담고 있습니다. 어떤 의미이든 교사와 학생의 상호 작용이 포함된 말입니다. 나에 대해 알고 학교생활에서 기록하고 배운 것이 있다면 이제 기록을 해야겠지요? 교사가 이것을 모르면 기록이 불가능할 겁니다.

〈3부〉 3장 '과학 공부' 파트의 '선생님 따라붙기'가 바로 이것입니다. 뚜렷한 목적이나 활동도 없이 교사에게 아는 것을 자랑하거나 티내기, '척하는' 게 아니라 교학상장 또는 상호 작용으로 조언을 구한다는 생각으로 선생님 따라붙기를 해야 합니다.

일단 뭐라도 하고 나서 찾아간다구요? 성적을 높이고 찾아간다구요? 해당 단원을 잘 알지 못해서 질문하기 어렵다구요?

도움 요청과 질문, 제안과 의견 나누기는 잘난 학생이나 교사의 전유물이 아닙니다.

지금 바로 찾아가서 무엇을 할 수 있는지
조언을 구하고 의견을 말하고 공유할 수 있습니다.
교사와 학생은 함께 성장할 수 있습니다.

이것만은 꼭!

자신이 모르거나 알고 싶은 것을 해결하기 위해 아무런 노력도 하지 않고 무조건 교사에게 요구해서는 곤란합니다. 교사는 신이나 거짓말쟁이 소설가가 아닙니다. 목적 없이 열심히 달리기만 하도록 하지 마세요. 1만 시간을 들이기만 한다고 전문가가 되지 않습니다. '학생-학부모-교사'의 상호작용 속에서 학생이 생각하고 실천하도록 해 주세요. 우선 다이어리와 기술의 도움을 받아 기록하는 '습관'을 들이도록 하세요. 다시 한번 말씀드리지만, '학생부 200% 활용'은 나의 목표가 세워져 있고 거기에 실천이 뒤따를 때 가능한 것입니다.

3장

수시 전형 이야기

자녀의 강점을 살릴 수 있는 수시 전형 선택 방법

자녀의 강점을 살릴 수 있는 수시 전형 선택 방법은 무엇일까요?

이를 위해서는 먼저 입시 전형의 원리를 알아야 합니다. '수시 학생부 종합전형'의 기본적인 원리는 크게 다음 두 가지로 이해할 수 있습니다.

먼저 일반 선택 교과목의 내신을 중요하게 생각해야 한다는 것입니다. 고등학교 1학년 때와 2학년 때 대부분 배우게 되는 일반 선택 교과목은 9등급제로 성적을 냅니다. 그래서 내신 경쟁이 치열하지요.

또 학기당 수상 실적을 한 개만 반영한다는 점을 아셔야 합니다. 3학년 1학기까지 총 5개 학기 동안 수상을 여러 번 할 수 있지만, 실제로 대입에 반영되는 수상 실적은 한 학기에 1개씩입니다. 그렇다면 학기마다 대회를 참가하여 수상을 하는 등의 실적이 필요하다고 볼 수 있습니다. 이러한 원리를 알면 수상과 관련된 사항을 챙길 수밖에 없습니다.

자녀에게 맞는 수시 전형을 선택하려면 자녀의 학습 성향도 고려해야 합니다. 즉 자녀가 내신과 수능시험 중 어디서 더 강점을 발휘하느냐를 파악해야 합니다. 내신의 경우 학교마다 난이도가 다르고 교사의 가르치는 방식이나 출제 경향도 다릅니다. 그래서 이러한 변수에 따라서 학생들의 적응도가 다를 수 있습니다. 즉 어떤 학생은 영어 선생님이 좋다는 이유로 영어 공부를 열심히 하여 영어 내신이 좋을 수 있습니다. 또 어떤 학생은 자신이 잘하는 부분이 주로 출제되다 보니 내신 성적이 좋을 수도 있습니다.

내신은 출제 범위와 유형 그리고 시험을 치르는 시기가 정해져 있습니다. 내신의 이러한 점 때문에 심리적 안정감을 얻어 학습에 매진하는 학생들이 있습니다. 이러한 학생은 내신에서 좋은 성적을 얻을 수 있습니다.

이와 달리, 모의고사 문제는 배운 데에서 배운 데까지로 범위가 넓고 문제 유형이 깔끔하며, 지엽적인 것을 묻지 않고 개념과 개념 응용으로 구성되어 있는데, 이러한 문제 스타일을 선호하는 학생들도 있습니다. 이렇게 모의고사처럼 표준화된 시험에 익숙하고, 이러한 유형의 시험을 잘 치를 수 있는 학생은 수능에서 강세를 보이게 됩니다.

'학생부 종합전형'(이하 학종)의 원리를 이해하고 자녀의 내신 또는 수능 적합도를 파악했다면, 자녀의 강점을 살릴 수 있는 전형을 찾을 준비가 다 되었습니다.

전형을 찾을 때에는, 가능성이 희박한 선택지부터 하나씩 제외시키는 '소거법'을 활용하면 쉽습니다. 소거법을 적용하는 순서는 다음과 같습니다.

[수시 전형] 학생부 종합전형 ⇨ 학생부 교과전형
⇨ 논술 전형 ⇨ [정시 전형] 수능

소거법을 적용할 때, 자녀가 내신과 학교활동을 모두 우수하게 해야 하는 '학생부 종합전형'을 준비할 수준이 되는지를 파악해 보세요. 이것이 어려우면 '학생부 교과전형'으로 가야 합니다. 그리고 내신도 잘 받기 어렵다는 판단이 들면, '논술 전형'까지 고려해야 할 것입니다.

대입에서 재학생에게는 총 9차례의 지원 기회가 있습니다. 수시 전형에서 6회를 지원할 수 있습니다. 만약 여기서 합격하지 못하면 정시 전형에서 '가'/'나'/'다'군으로 불리는 군별로 하나씩 지원하는 3회의 지원 기회를 가지게 됩니다.

학생들의 성적대마다 다를 수 있지만 일반적인 전형 선택 기준을 제시하려고 합니다.

전형 선택의 중요한 순간은 고등학교 1학년 1학기입니다.

먼저 수상 실적을 점검해야 합니다. 정기적으로 치르는 중간고사와 기말고사를 잘 본다면, '학업 우수상'과 같은 성적상을 수여하는 학교도 있을 것입니다. 그러면 수상 실적은 일단 해결됩니다.

그 다음 고려할 사항은 내신입니다, 대부분의 고교에서 과거처럼 문과와 이과를 구분해서 국어, 영어, 수학 시험을 내지 않고 모든 학생들이 동일한 시험을 보기 때문에 1학년 1학기 중간고사와 기말고사를 치르고 난 결과가 그대로 3학년 때까지 가는 경우가 일반적입니다. 게다가 2015 개정 교육과정에서 진로 선택 과목은 A/B/C의 세 가지로 절대 평가를 실시합니다. 그렇기 때문에 대학에서 이 과목의 내신을 반영하기 어려워, 일반 선택 교과목만 반영할 확률이 높습니다.

이미 어느 고교에서는 진로 선택 과목 중 어느 한 과목에서 97%의 학생들이 모두 A를 받은 사례가 있습니다. 절대 평가 인플레이션이 시작된 것입니다. 절대 평가 과목에서 많은 학생이 B나 C를 받게 하는 고교도 물론 있을 겁니다. 하지만 대입을 염두에 둔다면, 다수의 학생이 A를 받게 하기 위해 문제를 쉽게 내거나 진도를 많이 나가지 않는 고교도 상당수 존재할 것으로 보입니다.

그렇다면 여기서, 1학년 1학기 내신과 수상 실적을 고려하여 학생부 종합전형을 계속 끌고 갈 것인지 아닌지를 결정하셔야 합니다. 그러나 자녀들 중에는 "엄마, 1학년 때까지만 해 볼게요."라고 말하는 경우가 많기 때문에 1학년 2학기 기말고사까지 기다리게 됩니다.

	1-1학기	1-2학기	2-1학기	2-2학기	3-1학기
수상 실적	학기별 수상 수상의 내용				
내신	A그룹: 1~2등급 B그룹: 3~4등급 C그룹: 5등급 이하				

학기별 수상은 상위권 대학에 지원하는 데 필수 요건 중 하나입니다.

아마도 중앙대 이상의 지원자들은 매 학기 수상이 있을 것입니다. 그리고 수상 내용에서는 수학과 과학 중심의 경시대회 수상이 있고, 국어와 영어 중심의 경시대회 수상이 있을 수 있습니다. 대학 측에서는 이런 수상 실적을 통해서 학생이 우수성을 발휘하는 영역을 파악할 수 있습니다.

이 외에도 학과에 따라서는 예체능 분야의 수상이 도움이 되는 경우도 있습니다. 예를 들어 고고 미술사학과에서는 미술 분야의 수상이 의미가 있을 것입니다.

수상 실적 부분이 만족스럽지 못할 경우에는
교과 전형으로 눈을 돌려야 합니다.

교과 전형에서는 수상 실적이 아니라 내신만을 반영하기 때문입니다. 그러면 학생들의 부담이 줄어듭니다. 뭔가 대회에 나가서 상을 받아야 하지 않겠냐며 노심초사했던 마음을 진정시킬 수가 있는 것이지요.

그런데 일반 선택 교과목이 대부분 2학년 2학기 때까지 개설되고, 3학년이 되면 대부분 진로 선택 과목이 개설됩니다. 그렇다 보니 교과 전형을 노릴 때 유의할 점은 소속 고교에서 일반 선택 과목이 몇 개 개설되어 있고, 어느 학기까지 개설되어 있는지를 파악하는 것입니다.

한편 가천대와 같은 일부 대학에서는 교과 전형을 실시할 때 모든 교과목이 아니라 등급이 잘 나온 교과목을 10여 개 선택하게 하는 경우도 있습니다. 따라서 이런 경우는 일반 선택의 모든 교과목이 성적이 좋을 필요는 없습니다. 다시 말해 학생이 등급을 잘 받은 교과목만 선택하여 지원하는 전형도 있으므로 이런 구체적인 사항들은 대학별 입시 요강을 참고하셔야 합니다.

수능 최저학력기준을 맞추기 위해 내신과 수능을 동시에 준비하는 경우가 있는데, 이때 유의할 점 중 하나는 탐구 과목의 선택과 준비입니다. 대부분의 학생이 3학년 1학기부터 탐구 과목 수능 시험을 준비합니다. 3학년 1학기에 배우는 탐구 과목을 수능 탐구 과목으로 선택하는 경우가 많기 때문입니다. 즉 학교 진도와 수능 진도를 맞추는 것이지요.

이렇게 되면 국어, 수학 과목의 준비와 겹치다 보니, 사회 탐구 또는 과학 탐구 과목을 제대로 학습할 시간을 내기 어렵습니다. 그리고 학교 진도에 맞춰서 7~8월 중에 탐구 과목의 진도를 끝내게 되면, 보통 11월 중에 있는 수능을 대비하는 데 무리가 따르기도 합니다. 따라서 이런 점을 염두에 두고 고2 겨울방학을 활용해서 탐구 과목 준비를 좀 더 일찍 하시기를 권합니다.

이것만은 꼭!

학생부 종합전형을 준비할 때에는 내신, 학생부 그리고 수능을 고려해야 합니다. 가장 먼저 할 일은 이 세 가지 요소가 어떻게 대입에 반영되는지 알아보는 것이지요. 다음으로 주요 입시 기관들이 내놓는 '대학 전형 방법 일람표'를 살펴보면, 해당 요소들이 각 대학마다 어떻게 적용되는지 이해할 수 있습니다. 이 두 가지 방법을 기본적으로 익히셔서 자녀가 대입 전형에서 좋은 결과 거둘 수 있기를 바랍니다.

전공 적합성을 높이는 수시 준비 로드맵

전공 적합성을 높이는 수시 준비 로드맵은 어떤 식으로 설계할 수 있을까요?

'전공 적합성'이란 말은 지원하는 학과나 모집 단위와 관련된 활동을 많이 한 정도를 의미합니다. 독서 활동부터 창의적 체험 활동, 세부 능력 및 특기사항 등 학생부의 다양한 곳에 기록될 수 있는 내용을 통해 그 학생의 전공 적합성이 확인되고 평가됩니다.

그런데 문제는 과거의 경영학과, 영문학과처럼 확정된 전공의 성격이 서서히 사라지고 있다는 점입니다. 이러한 현상은 배우는 내용이 달라지고 학과의 모습이 달라진다는 두 가지 측면에서 살펴볼 수 있지요.

먼저 학과 내용과 선발 방식이 전통적인 학과 개념과 다른 곳이 '카이스트'입니다. 카이스트는 특정 학과를 지원해서 선발하지 않고 입학 후 전공을 선택하게 하는 '무(無)학과 제도'를 운영하고 있습니다.

그런가 하면 성균관대는 학과 구분은 그대로지만, 선발 과정에서 계열별로 뽑는 것으로 선발 방식이 달라졌습니다. 즉 '자연 계열', '공학 계열', '인문 계열', '사회 과학 계열'이라는 계열별 모집을 실시하고 있지요.

한편 '자유 전공 학부'라는 이름을 가진 학과에서는 입학생들이 기존의 학과 중에서 전공을 선택하거나, 본인 스스로 새로운 전공을 만드는 것을 허용하고 있습니다. 실제로 학생들은 '평화학과', '기후 변화 연구학과'라는 것을 개설하여 학위를 받은 사례도 있습니다. 만약 이런 사례에만 주목한다면 과연 전공 적합성이란 게 존재할 수 있을까요?

다음은 전공이나 계열 적합성에 관해 언급해 놓은 대학 측 발표 자료들을 모아서 표로 만든 자료입니다.

출처	내용	비고
연세대, 경희대, 중앙대, 한국외대, 건국대, 서울여대의 '공통' 서류 평가 기준	– 전공 관련 교과목 이수 및 성취도 – 전공에 대한 관심과 이해 – 전공 관련 활동과 경험	전공 ≥ 계열
개별 평가: 중앙대	전공 분야에 대한 독서 활동 중시	전공 ≥ 계열
개별 평가: 한양대	깊이 있는 공부, 관심 분야를 다른 과목과 서로 연계하여 경험을 축적하는 것	전공 ≥ 계열
개별 평가: 한국외대	– 계열 적합성으로 봄. – 소수 언어학과에서 전공 적합성을 좁히기보다는 전반적인 언어 능력이 중요.	전공 < 계열

(표) 대학 측이 발표한 전공 및 계열 적합성 관련 자료

이 자료를 통해서 얻을 수 있는 것은 총 세 가지입니다. 대학이 전공 적합성이나 계열 적합성을 평가할 때 참고하는 항목으로 첫째는 전공 관련 이수 과목과 성취도, 둘째는 전공 관련 경험, 셋째는 전공을 포괄하는 계열

의 경험입니다. 여기서 전공 관련 교과 이수와 성취도는 고교에서 교과목 학습으로 해결할 수 있습니다. 그리고 전공 관련 경험이나 계열 관련 경험은 독서를 기반으로 한 활동이나 동아리 활동 등으로 해결할 수 있지요.

그러면 구체적으로 어떻게 전공 적합성을 살리는 계획을 세울 수 있을까요? 여기에는 두 가지 방향이 있습니다.

첫째는 '집중형'입니다. 이는 전공에 대한 경험을 다양한 영역에서 하거나 넓게 한 뒤에 좁혀 가는 것입니다.

둘째는 '확장형'입니다. 이는 하나의 경험을 바탕으로 서서히 확장해 나가는 방법입니다.

이 두 가지 방향을 그림으로 그리면 다음과 같습니다.

집중형	구조	예시
▽	교과 외 콘텐츠 ⇩ 교과 내 콘텐츠	경제 트렌드: 행동 경제학 (노벨 경제학상 수상 이론) ⇩ 경제 교과: 기회비용
확산형	**구조**	**예시**
△	교과 내 콘텐츠 ⇩ 교과 외 콘텐츠	생명과학1: 피드백 효과 ⇩ 생명과학 트렌드 : 생체시계 이론 (노벨 생리의학상 수상 이론)

표 전공 적합성 계획 수립의 두 방향

일반적으로 고등학교 입학 전에 진로 영역을 개척한 학생들은 집중형으로 활동 내용을 설계하게 됩니다. 즉 관심 분야의 최신 연구 등을 바탕으로 수행 평가나 교내 대회에 출전하는 것이지요. 그리고 이러한 경험과 교과 내용을 서서히 연결 지어 가게 됩니다. 대체로 특목고나 자사고 학생들이 이러한 경향을 보입니다. 특목고와 자사고에서는 교과서 중심의 수업보다는 모둠 활동이나 팀별 프로젝트 활동을 많이 합니다. 그래서 교과 외 콘텐츠의 제안과 발표를 인정하는 분위기이기도 하지요.

이에 비해 '확산형'은 고등학교에 입학한 뒤 서서히 자신의 진로를 찾아가는 유형입니다.

교과 내용을 배우는 과정에서 관심과 흥미를 찾아내고 그것을 서서히 깊이 있게 또는 넓게 탐구하는 모습을 보입니다. 자신의 내신이나 수능 성적 수준에 따라서 학과가 결정된다는 생각을 가진 학생들이 주로 이런 모습을 보입니다. 즉 자신의 성적 수준이 나오기 전에는 진로를 확정하는 것을 꺼리게 됩니다.

한편 학생의 유형에 따라서 집중형과 확산형 중 어느 한쪽의 성향을 나타내게 됩니다. 다양한 체험보다는 교과서 내용에 집중하는 학생들은 학교 수업(교과 내 콘텐츠)을 기본으로 삼고, 교사와 고교 프로그램 등(교과 외 콘텐츠)을 활용하여 진로를 찾아나가는 모습을 보입니다. 여기서 소개한 사례는 전공 적합성을 만들어 가는 단순한 유형 구분이므로 참고로 활용하시기 바랍니다.

일반적으로 고등학교 2학년 정도가 되면 자신의 내신과 수능 성적 수준을 어느 정도 알 수 있습니다. 그렇기 때문에 현실적인 전공 적합성을 따지게 되지요. 즉 자신의 점수로 갈 수 있는 대학이나 학과를 먼저 파악한 다음, 그 선택지 내에서 고르게 됩니다.

이런 현실적인 선택의 순간은 누구에게나 오기 마련이므로, 다음 방법을 추천해 드립니다. 즉 시기별로, 계열별로 열어 두는 전략을 세우는 것입니다.

선택 유형	대안 1	대안 2
1학년: 문과형/이과형 선택	1학년 1학기 수학 내신을 참고로 문과형/이과형을 선택함.	2학년 진급 전, 계열별 인원을 고려한 뒤 문과형/이과형을 선택함.
2학년: 진학 계열 선택	제1전공 계열 선택 예 의과대학	제2전공 계열 선택 예 생명공학과
3학년: 수시 전형 유형 선택	수능에 강한 경우 : 학종/교과/논술 중 최저학력기준 충족율 고려	수능에 약한 경우 : 대학 지원 레벨을 조정함

표 고교 학년별 선택 유형과 그에 따른 대안

고교에서 문과와 이과의 구분 없이 통합형 교육 과정이 운영되고는 있습니다. 하지만 실제로는 선택 과목에서 '문과형 진로'와 '이과형 진로'로 나뉜다고 볼 수 있습니다.

1학년 때는 수학 내신 성적을 참고로 하여, 문과형 진로로 갈 것인지, 이과형 진로로 갈 것인지를 결정할 수 있습니다. 수학 내신이 약한 경우 이과형 진로를 선택했을 때 수학과 물리 계열 과목의 성적 향상을 기대하기 어렵기 때문입니다. 그러나 수학 내신이 약하더라도 이과형 진로를 선택하는 학생들이 대다수일 경우에는 이과형을 선택할 수 있습니다.

예를 들어, 1학년 전체 200명 인원 중 이과형 진로를 150명이 선택했고 문과형 진로를 50명이 선택했다고 가정해 봅니다. 이럴 경우에는 이과형 진로를 선택해야 등급별 인원이 많아져 내신 등급을 받기가 수월합니다. 물론 문과형 진로를 선택해서 수학의 부족함을 만회할 수도 있어요. 다만 이때는 등급별 인원이 적다는 점을 고려해서 최소한 사회 탐구 계열 과목에 강점을 가지고 있어야 수학 내신을 만회할 수 있을 것입니다.

고교 2학년이 되면, 이미 이과형 또는 문과형 진로와 교육 과정을 선택했을 것입니다.

> 이때는 내신과 수능 점수의 변화를 고려하여
> 제1전공과 제2전공을 모두 염두에 두면서
> 비교과 활동을 해야 합니다.

즉 성적이 최상위권을 유지하면 '의과 대학'이라는 목표를 달성할 수 있습니다. 하지만 내신 또는 수능 최저학력기준에서 만족할 만한 성적을 얻지 못할 것 같다면, 생명 과학이나 생명 공학 등 상대적으로 합격선이 낮은 학과도 동시에 지원할 수 있도록 활동의 폭을 넓혀 두는 게 바람직하지요.

고교 3학년이 되면, 3월 모의고사에서 국영수 외에 탐구 과목까지 1~2등급대를 유지할 수 있을 경우에는 수시 전형을 모두 고려해야 합니다. 이때는 '수능 충족률'이라고 해서 특정 대학의 학과에서 지원자들에게 요구하는 최소한의 수능 등급인 '수능 최저학력기준'을 충족시킬 수 있는지 여부를 살펴봐야 합니다. 이미 중상위권 대학 중 K대학 자연계 논술 전형의 경우 수능 충족률이 평균 30%대에 머물고 있습니다. 즉 100명이 지원하면 30명 정도만 수능 최저학력기준을 통과한다는 의미입니다. 이럴 경우, 수능 최저학력기준만 맞추면 합격할 확률이 상당히 높아집니다. 따라서 수능에 강점을 가지면 수시의 모든 전형에서 우위를 점할 수 있습니다.

이러한 입시 결과 정보가 궁금하시다면, 교육부에서 운영하는 '어디가'란 사이트에 접속하여 검색해 보시면 됩니다. 보다 상세하고 전문적인 정보를 얻고 싶은 분은 네이버 카페 '김진만 입시스케치'로 접속하시면 풍부한 데이터를 얻을 수 있습니다.

이 밖에도 공공성을 띠는 입시 데이터를 보실 수 있는 사이트들은 다양합니다. 이러한 경로로 얻은 데이터를 참고하시면, 보다 정밀한 진학 전략을 세울 수 있습니다.

이것만은 꼭!

전공 적합성이라는 관점에서 보면 학생들의 유형은 '자연계형'과 '인문계형'으로 구분됩니다. 또한 학생들의 활동 경향에 따라서는 '집중형'과 '확장형'으로 나뉩니다. 최근 들어서는 '융합형' 전공 적합성도 등장했습니다. 예컨대 '국어국문학'과 '컴퓨터 공학'이 결합된 '디지털 인문학과'라는 영역이 생겨난 것이지요. 미래 사회의 리더가 되기 위해 진로·진학 방향에서 '융합형'을 고려해 보는 것이 전공 적합성의 최고 수준이라고 볼 수 있습니다. 따라서 생각을 열어 두고, 자녀가 다양한 전공을 체험할 수 있도록 지도하는 것을 추천해 드립니다.

수시 지원 전략을 세우는 방법은 무엇일까?

가장 대표적인 수시 지원 전략은 모의 수능 점수, 다시 말해 고3이 치르는 6월과 9월 모의평가 점수를 기준으로 전략을 세우는 것입니다. 학생이 수시 전형을 지원할 때, 모의 수능 점수를 바탕으로 전국에서 몇 등 정도 하는지, 그리고 이 점수로 정시에서 지원 가능한 대학 또는 합격권 대학이 어디인지를 파악하는 것에서 출발합니다. 그런 다음 학생이 정시 전형에서 갈 수 있는 대학보다 높게 수시 전형을 쓰는 것이 일반적인 전략입니다.

그런데 이때 발생할 수 있는 문제 상황 중 하나는 수능 모의고사 점수가 불안정할 경우입니다. 고3 3월 모의고사와 6월, 9월의 수능 모의 평가 점수가 들쑥날쑥하게 나온다면, 모의고사 점수를 기준으로 수시 지원 대학을 선택하기가 어렵습니다.

또 탐구 과목이 아직 정리되지 않았거나, 탐구 과목 문제를 풀지도 않아서 정확한 점수를 예측하기 어려운 경우에도 3학년 모의고사 점수로 수능 예상 점수를 예측하기 힘들 수 있습니다. 이럴 경우, 학생들에게 '안정적인 지원전략', 즉 학생들이 재수하지 않고 한 번에 갈 수 있는 대학을 선정해서 수시 지원 시, 안정권 대학도 한두 군데 지원하게 하는 전략을 구사할 수가 있지요.

> 대입을 지도하는 고교 입장에서는 한 반의 학생들이 다들 상향으로 지원하게 되는 경우 진학 지도 자체가 어려울 수 있어서, 일정 부분 서열화를 통해 진학 지도를 하는 사례가 많습니다.

물론 수시 전형에서 소신 상향 지원 또는 '묻지 마' 식 지원이 발생할 수도 있어요. 따라서 이런 혼란을 방지하려고 고교에서는 한 학급 인원과 학생들의 등수 및 수능 모의 평가 점수를 토대로 전체 지원자 풀을 고려하여 진학 지도 범위를 정하고 있습니다.

또한 학생부 종합전형의 경우 특정 대학의 특정 학과를 복수의 학생이 지원한다면 대체로 선발되기 어렵습니다. 그러므로 고교 자체에서 이른바 '학과별 교통정리'를 하는 경우까지 있으니, 학부모님들께서는 이런 점도 참고하시기 바랍니다.

둘째로는 수시 전형을 기준으로 지원 전략을 세우는 방법이 있습니다. 수시 전형은 학생부 교과전형과 학생부 종합전형으로 구분됩니다. 교과 전형에서는 학생부의 질적 평가가 대부분 배제되고, 내신 등급을 기준으로 내신 점수가 우수한 학생 순으로 선발합니다. 그러니 전년도 합격 및 불합격 자료를 참조하면, 안정적으로 수시 지원 전략을 세울 수 있습니다.

그런데 수능 최저학력기준이 있고 일괄 합산 전형의 경우에는 내신이 다소 낮더라도 지원해 볼 만합니다. 수능 최저 충족률이 해마다 낮아지고 있기 때문에, 수능 최저학력기준만 맞추면 합격할 수 있는 대학들이 늘고 있지요. 교과 전형에서는 이 부분만 체크해 보시면 되겠습니다.

수시 전형을 기준으로
수시 지원 전략을 세울 때 주의할 점은
학생부 종합전형에서는 학과 선발 인원을
고려해야 한다는 것입니다.

신문 방송학, 심리학 계열은 선발 인원이 대학마다 적어서 타 학과에 비해 경쟁이 치열합니다. 이렇게 소수를 선발하는 학과에는 내신도 좋고, 교내 활동이 풍부하더라도 합격하기 어려운 경우가 많다는 점을 꼭 유의하셔야 합니다. 게다가 수능 최저 유무, 면접 유무 및 면접 가능 인원수까지 고려해야 하기 때문에 변수가 많아서 예측이 힘듭니다. 이런 경우에는 교과 전형보다는 종합전형에서 지원 전략을 세우기가 더 어려우므로 수시 지원 시 참고하시는 게 좋습니다.

끝으로 수시 지원을 정할 때에는 논술 고사와 구술 면접고사 일정도 고려해야 합니다.

간혹 논술고사 날짜나 면접 날짜가 겹치는 경우가 있습니다. 즉 학생의 특성을 살려서 수시 지원 전략을 세우더라도 이런 점 때문에 다시 구성해야 하는 일이 생깁니다.

이때는 다음과 같은 두 가지 접근법이 존재합니다.

첫째는 전략적으로 겹치는 날짜를 골라 지원하는 것입니다. 예를 들어, A 대학의 논술 전형 일자와 B 대학의 논술 전형 일자가 겹치지만, 학생 입장에서 동시에 지원하게 됩니다. 두 대학의 수능 최저학력기준이 다르기 때문입니다.

둘째는 전형 일자가 겹치지 않게 지원하는 것입니다. 경쟁선상에 있는 대학들은 서로 전형 날짜를 겹치게 설계해 두었습니다. 그래서 실제로는 상위권부터 중하위권까지 펼쳐서 지원하거나, 아예 면접이나 실기가 없는 대학에 지원하는 경우도 있습니다.

수시 지원서 여섯 장을 쓰는 데 고려해야 할 점은 이렇게나 많습니다. 보통 고3은 첫 모의고사인 3월 모의고사를 치른 후에 수시 지원서 여섯 장의 라인업을 짭니다.

가장 중시되는 6월 모의평가 점수를 확인한 다음,
조금의 수정을 거쳐서
수시 지원의 라인업을 확정짓는 것이
일반적인 순서입니다.

물론 고3 여름방학을 보내고 9월 모의평가 점수를 확인한 후, 수시 지원 여섯 군데를 최종적으로 확정짓는 경우도 있습니다. 하지만 수시 원서 접수 기간과의 시간차가 별로 나지 않아서 아주 촉박하게 라인업을 결정짓는 어려움을 안게 되지요.

정시에 '올인'하는 학생들도 수시 6회의 지원 기회는 놓치기엔 너무 아까운 기회입니다. 그러니 합리적인 수시 지원 전략을 세워서 기회를 살려 보시길 바랍니다.

이것만은 꼭!

수시 지원 전략 수립의 핵심은 3월, 6월, 9월의 모의고사 성적을 토대로 지원 가능한 대학의 범위를 정하는 것입니다. 이때 세 차례의 시험 점수가 일정한 수준을 유지하느냐, 그렇지 않느냐에 따라서 학생들의 학습 역량을 엿볼 수 있습니다. 불규칙한 성적 분포를 보이는 학생들은 대개 몰아서 공부하거나 시험 불안증을 호소하는 경우입니다. 따라서 이런 점을 고려하여 최적의 학습 방법과 심리적 안정을 얻는 노하우를 찾을 수 있도록 부모님들이 도와주시기 바랍니다.

우리 아이는 고2 겨울방학부터 수시 지원 대학을 조금씩 정하기 시작했습니다. 그때엔 2학년 2학기 내신까지 모두 나온 상태였고, 이제 고3 1학기만 남겨 두고 있었지요. 하지만 3학년 1학기 때 내신 경쟁이 더욱 치열해질 것으로 예상되는 만큼, 수시 내신 산정 마지막 학기에 드라마틱한 성적 상승은 기대하기 힘들다고 여겼습니다. 고2까지 아이의 내신 총 평균이 3점 초반이어서 2점 후반 정도로만 성적을 만회하면 좋겠다는 희망은 있었습니다. 그런데 고3이 되자 1학기 내신 경쟁이 더욱 치열해짐에 따라 현상 유지 정도에서 그쳤습니다.

고3 첫 모의고사인 3월 모의고사에서 기대 이상의 성적을 내면서 SKY 대학 중상위권 학과에 지원 가능한 점수대를 받았습니다. 그래서 수시 지원 대학을 좀 더 상향하는 쪽으로 계획을 수정했습니다. 그런데 4월 모의고사에서 성적이 조금 떨어지더니, 수시 지원 대학을 선택할 때 가장 많이 참고할 만큼 의미가 큰 6월 모의평가에서는 성적이 더욱 떨어졌어요.

상황이 이렇게 되자 상향 지원만 할 수 없었습니다. 그래서 상향 두 곳, 적정 두 곳, 안정권 한 곳, 그리고 하향 지원으로도 한 곳 등 수시 지원 라인업을 대폭 조정했습니다. 다행히 아이는 경영학과로 진로를 정해 놓은 덕분에 지원 가능 대학만 선택하면 되었기 때문에, 수시 지원 원서를 쓸 때 그나마 수월했지요.

우리 아이 때부터 수시 전형에서 수능 최저학력기준을 적용하지 않는 대학들이 늘어나고 있었습니다. '인서울' 주요 대학 수시에서 수능 최저학력기준이 없는 대학이 늘어난다는 것은 수시에 지원하는 현수생들에게 호재일 수 있어요.

하지만 수능 최저학력기준이 없는 대학으로만 골라서 수시 지원을 했을 경우, 수능 공부를 거의 하지 않게 되어 수시에서 모두 불합격했을 때 수능 점수로 대학을 가는 정시에 지원하기 곤란해집니다.

실제로 우리 아이가 다녔던 고교에서도 수능이 얼마 남지 않은 상황에서 수능 공부는 접고 수시 면접 준비만 하면서 하루를 보내는 친구들도 많았다고 해요.

아이의 모의고사 성적이 불안정하고 등락 폭도 큰 상황이라서, 정시만 믿고 있을 수는 없었습니다. 그래서 수시 전형에 좀 더 집중했지요. 그러면서 정시의 기회도 살리려면 수능 공부는 마지막까지 놓아서는 안 된다고 판단했습니다.

그래서 저는 아이의 내신이 3점 초반이지만, 수능 최저학력기준을 높이 설정했던 고려대 경영학과에는 상향해서라도 꼭 지원하도록 코치했습니다. 다행히 모의고사 성적이 괜찮은 편이어서 '4개 영역의 합이 6'이라는 그 당시 고려대의 수능 최저학력기준을 충족시킬 가능성이 높았습니다. 아이도 이 대학 경영학과에 가고 싶어 해서 무리인 줄은 알지만 수시에 지원했지요.

> 아이의 사기를 올려 주면서도
> 수능 공부를 마지막까지 놓지 않게 하려는
> 나름의 전략이었습니다.

이렇게 상향을 하여 고려대 '학생부종합 일반 전형', 성균관대 '학생부종합 성균인재 전형'으로 경영학과에 지원했습니다. 그리고 적정권 지원으로는 중앙대 '학생부종합 탐구형 인재 전형', 경희대 '학생부종합 레오르네상스 전형'으로 네 곳 모두 경영학과에 지원했어요.

중앙대와 경희대 경영학과는 왜 적정 지원으로 보냐구요? 아이가 다니던 고교의 한 해나 두 해 선배들의 입시 결과를 참고해 봤을 때, 아이와 비슷한 내신 등급대를 가진 선배들이 이 대학들 경영학과에 합격했더군요. 그래서 우리 아이도 여기서는 합격 가능하겠다고 판단할 수 있었습니다. 이처럼 소속 고교의 대입 결과 자료가 수시 지원을 할 때 대단히 유용하게 쓰였어요.

한편 안정 지원으로는 서울시립대 학생부종합 전형으로 경영학과에 지원했어요. 서울시립대 경영학과는 해마다 선배들이 두 명씩 합격한 사례가 있었고, 우리 아이보다 내신 평균이 더 낮은 졸업생도 합격한 사례가 있어서 이곳을 안정권으로 판단했습니다.

한편 수능을 잘 보지 못하거나 수시에서 기대했던 결과가 안 나오는 최악의 상황에도 대비했습니다. 그래서 하향 지원하여 건국대 '학생부 종합 KU자기추천 전형'으로 경영학과에 원서를 넣었지요.

6월 모의평가가 끝나자 고3 담임선생님과 진학 상담을 했습니다. 선생님께서는 아이가 모의고사 성적이 내신보다 우수하므로 정시에 비중을 두는 것이 나을 거라고 하셨어요. 그러면서 중앙대 경영학과는 정시에서도 갈 수 있으므로 수시에서 그 이하 대학까지 하향 지원하지 않아도 된다고 조언해 주셨지요.

그러나 제 생각은 좀 달랐습니다.

모의고사 성적이 저조했는데
수능을 잘 보는 사례는 거의 없지만,
모의고사에서 우수한 성적을 내다가
수능을 못 보는 경우는 참으로 많았습니다

그만큼 큰 시험에서 약한 학생들이 많다는 뜻이지요.

모의고사 성적이 내신보다 우수하다고 무조건 정시에 '올인'하는 것은 안전 제일주의였던 저에게는 너무나 위험한 발상으로 보였습니다. 등락 폭이 꽤 컸던 아이의 모의고사 성적을 완전히 믿지 못해서, 정시보다는 평소에 조금씩 준비할 수 있는 수시를 선호했던 것입니다.

게다가 무슨 일이 있어도 아이의 재수만은 막고 싶었기에 다소 아쉬운 대학이더라도 당해 연도에 반드시 입학시켜야겠다는 의지가 남달리 강했습니다. 혹시라도 수능을 잘 볼 경우, 수시에서 하향 지원한 대학의 면접을 보러 가지 않으면 됩니다. 그렇기 때문에 만일의 경우를 대비하여 하향 지원도 반드시 한 장은 썼습니다. 수능 전에 면접을 보는 곳은 중앙대 한 곳뿐이었고, 나머지 5장의 원서는 모두 수능 후에 면접을 보는 것으로 선택해 놓았지요.

그래서 수능 결과에 따라
나머지 대학의 면접 참석 여부를
조절하기로 계획을 세웠습니다.

아이의 대입을 치러 본 경험이 있는 엄마로서, 수시 지원 시 6월이나 9월 모의평가 점수를 기준점으로 잡는다는 일반적인 접근에 동의합니다. 하지만 그러면서도 현실적인 다른 기준도 가지게 되었습니다.

그 기준은 바로 자녀의 재수 성공 가능성입니다. 아이의 성향을 파악해서 재수를 해도 될 타입인지, 아니면 재수해서 오히려 수능을 더욱 못 볼 타입인지에 대한 판단도 중요한 기준이 된다고 생각합니다. 재수 생활에는 유혹이 너무 많아서 웬만큼 의지력이 강하지 않으면 재수해서 성공적으로 원하는 대학을 가기 힘들다는 것을 주변에서 많이 보았기 때문입니다.

이처럼 여러 가지를 고려해서 수시 6회 지원을 했는데, 그 결과는 어떻게 되었을까요?

수시 결과는 제 예상을 많이 빗나갔어요. 상향 지원했던 두 곳은 모두 합격하지 못했습니다. 그런데 안정권이라 믿었던 서울시립대에서 1차조차도 합격하지 못했고, 하향 지원이라고 생각했던 건국대에서조차 1차 합격자 명단에 이름을 올리지 못했습니다. 오히려 이보다 더 상위권 대학인 중앙대와 경희대에서 1차 합격을 했어요.

수시 결과는 아무도 알 수 없다고 하더니,
우리 아이의 경우도 예상을 뒤엎는 결과와
이변들이 속출했지요.

그러면 우리 아이는 수능을 어떻게 보았을까요?

2019학년도 대입 수능은 '불수능'이라 불릴 만큼 난이도가 높았습니다. 특히 국어 영역(당시 명칭은 '언어 영역')은 1등급의 원점수가 80점 초반으로 나올 정도로 어렵게 출제되었지요. 신기하게도 제 아이의 수능 성적은 모의고사 중 가장 성적이 낮게 나왔던 6월 모의평가의 등급과 거의 비슷하게 나왔습니다. 더욱 신기한 것은 수능 성적 표준점수조차도 6월 모의평가의 표준점수와 거의 일치했다는 것입니다. 제 아이의 수능 성적은 고려대 수능 최저학력기준을 간신히 충족시킬 수는 있었지만, 정시 전형으로 경희대 경영학과에 합격할 정도의 점수는 아니었습니다.

그래서 우리 아이는 수능 후 배수의 진을 치는 기분으로 비장한 각오를 하고, 수시 학생부 종합전형으로 1차 합격했었던 경희대 면접을 본 끝에 다행히 최종 합격할 수 있었습니다. 결국 수시와 정시 모두를 끝까지 놓지 않고 준비했던 전략이 적중했다는 것을 확인하는 순간이었지요.

이것만은 꼭!

수시 전형에서든, 정시 전형에서든 대입에서는 많은 이변이 속출합니다. 아이와 엄마가 머리를 맞대고 알아보고 연구한 끝에 수시 지원 6장을 선택하여 지원했지만, 그 결과는 예측 불허였어요. 하향 지원했다고 믿었던 곳에서는 오히려 불합격하고, 적정 지원 또는 소신 지원한 곳에서는 오히려 합격했습니다.

우리 아이뿐만 아니라 그 친구들의 경우에도 예상 밖의 결과가 나왔어요. 수시 지원했던 다섯 곳에서 모두 1차 합격조차 못했고 수능까지 망쳐서 재수 학원 알아보려는 순간에 마지막 수시 한 곳에서 충원 합격 통보 문자를 받은 친구도 있었습니다. 이렇게 입시 결과는 혼돈 그 자체여서 예측이 힘듭니다. 그렇기 때문에 더욱 노력을 아끼지 않아야 하고, 마지막 순간까지 완주해야 합니다.

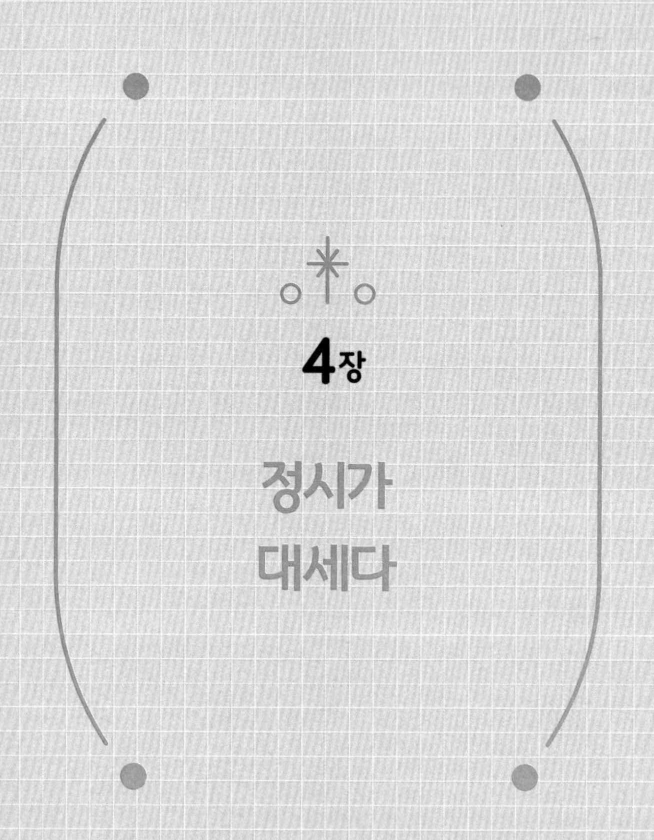

4장

정시가 대세다

정시 준비를 위한 첫걸음은 수능 성적표 해석부터

정시 준비를 위해서는 수능을 이해하는 것이 필수입니다.

먼저, 수능 성적표를 어떻게 해석하는지부터 알려드릴게요. 수능 성적표에는 다양한 정보가 담겨 있습니다. 그래서 미리 수능 성적표를 보고, 해석하는 방법을 익히는 것이 중요합니다. 다음에 소개하는 성적표를 함께 보실까요?

<table>
<tr><th>수험 번호</th><th colspan="2">성명</th><th>생년월일</th><th>성별</th><th colspan="3">출신 고교(반 또는 졸업 연도)</th></tr>
<tr><td>12345678</td><td colspan="2">홍길동</td><td>02.09.11.</td><td>남</td><td colspan="3">한국 고등학교(2020)</td></tr>
<tr><td rowspan="2">구분</td><td rowspan="2">한국사</td><td rowspan="2">국어 영역</td><td>수학 영역</td><td rowspan="2">영어 영역</td><td colspan="2">사회 탐구 영역</td><td>제2외국어/한문 영역</td></tr>
<tr><td>나형</td><td>한국 지리</td><td>사회 · 문화</td><td>중국어 I</td></tr>
<tr><td>표준점수</td><td>＼</td><td>130</td><td>129</td><td>＼</td><td>67</td><td>65</td><td>69</td></tr>
<tr><td>백분위</td><td>＼</td><td>98</td><td>95</td><td>＼</td><td>96</td><td>97</td><td>96</td></tr>
<tr><td>등급</td><td>2</td><td>1</td><td>1</td><td>1</td><td>1</td><td>1</td><td>2</td></tr>
</table>

표 2021학년도 수능 성적표의 예시

먼저, 수험생이 응시한 '국어, 수학, 영어, 한국사, 사회 탐구/과학 탐구/직업 탐구, 제2외국어/한문'으로 영역을 구분하여 표기됩니다.

수능 성적 통지표에는
'영역/과목별 표준점수/백분위/등급'이 표기되므로,
이러한 용어의 뜻을 아는 것이 중요합니다.

쉽게 설명 드리면, 백분위는 자녀의 성적이 전국 학생들 중 몇 % 안에 드는지 알려 주는 것입니다. 표준점수는 국어와 수학의 경우 각각 200점 만점이고 탐구 과목이나 제2외국어와 한문은 100점 만점으로 하여, 자녀가 받은 과목별 성적이 어느 정도인지 알려 주지요.

등급의 경우에는 아래 표와 같이 기준 비율 중 어디에 위치하느냐에 따라서 결정됩니다.

등급	1	2	3	4	5	6	7	8	9
기준 비율	4%	7%	12%	17%	20%	17%	12%	7%	4%
누적 비율	4%	11%	23%	40%	60%	77%	89%	96%	100%

* 표준점수는 소수 첫째자리에서 반올림한 정수로 표기.
* 백분위는 정수로 된 표준점수에 근거하여 산출하되, 소수 첫째 자리에서 반올림한 정수로 표기.

표 국어, 수학, 탐구 과목의 등급별 기준 비율

예를 들어 학생의 수학 성적이 백분위 96에 든다면, 이는 상위 4%에 해당하므로 1등급을 받게 됩니다. 만약 백분위 90에 든다면, 이는 상위 10%에 해당하므로 2등급을 받지요.

그런데 2022학년도 수능 성적표부터는 달라지는 점이 있습니다. 수학에서 3과목 중 하나를 선택하는 것으로 바뀌었습니다. 탐구 과목의 경우 과탐 2과목 또는 사탐 2과목으로 정할 필요가 없이 교차 지원이 가능하지요. 한국사, 영어, 제2외국어 및 한문 과목은 절대 평가로 이루어지기 때문에 표준점수나 백분위가 제공되지 않습니다.

수험 번호	성명		생년월일	성별	출신 고교(반 또는 졸업연도)		
123	홍길동		03.09.11.	남	한국고등학교(2021)		
영역	한국사	국어	수학	영어	탐구		제2외국어/한문
선택 과목		화법과 작문	확률과 통계		생활과 윤리	생명 과학 I	중국어 I
표준점수		140	130		112	130	
백분위		99	97		98	99	
등급	2	1	2	1	1	1	2

* 수학 영역은 본인이 응시한 유형 표기.
- 2021학년도 '가'형 자연계, '나'형 인문계
- 2022학년도 공통 과목: 수학 I, 수학 II
- 2022학년도 선택 과목: '확률과 통계, 미적분, 기하' 중 선택한 1과목이 표기.

(표) 2022학년도 수능 성적표의 예시

이렇게 수능 성적표에 담겨 있는 내용들을 확인하신 다음, 수시 지원에서 수능 최저학력기준을 충족시켰는지의 여부는 등급만 보시면 됩니다.

정시 지원 때는 대학마다 점수 산출 기준과 방식이 조금씩 다릅니다. 하지만 정시에서는 기본적으로는 백분위와 표준점수를 기반으로 총점을 내게 되지요.

따라서 수시에서는 등급,
정시에서는 백분위와 표준점수 위주로
성적을 반영한다고 이해하시면 됩니다.

이제 자녀의 수능 성적표를 읽을 줄 아신다면, 그 다음으로는 전년도 또는 2~3년 전의 입시 결과를 살펴보면서 진학 방향을 정하시면 되겠습니다.

이것만은 꼭!

수능 성적표에 나온 수치를 정확하게 이해하는 것이 정시 전형 대비를 위한 첫걸음입니다. 대학마다 성적을 반영하는 방법은 매우 다양합니다. 그래서 자녀의 성적으로 진학하기에 유리한 대학과 불리한 대학으로 나눌 수 있지요. 그런 다음 '가' / '나' / '다' 군별로 유리한 대학을 찾아내는 작업을 진행하여 지원 대학의 범위를 좁혀 갑니다. 이 과정을 차근차근히 해내면 정시를 성공적으로 준비할 수 있습니다.

내신 평균을 중심으로 한 입시 결과 자료 해석 방법

이제 전년도 데이터를 해석할 시점이 왔습니다. 다음 표는 가상으로 만든 어느 대학의 합격 데이터 자료입니다. 이를 바탕으로 합격자 범위를 계산하는 방법을 익혀 보겠습니다.

대학들은 표준편차를 공개하는 경우가 드뭅니다. 다만 학교 교사들이 받아 보는 전국진로진학협의회 자료와 같은 것에서는 일부 대학의 표준편차를 공개해 놓았습니다.

학과	합격자 내신 평균	표준편차	실제 범위
경영학과	1.7	0.1	1.8
영어영문학과	1.9	0.4	2.3
기계공학과	2.3	0.6	2.9
전기전자공학부	2.1	1.0	3.1

표 가상으로 만든 대학의 합격 데이터

합격자 내신 평균과 표준편차를 통해서 '실제 범위'를 만들어 내시면, 학생들의 지원 범위를 결정하는 데 도움이 됩니다. 즉 경영학과의 경우 합격자 평균점인 1.7에다가 표준편차 0.1을 더하면 됩니다. '1.7+0.1'로 하면 '1.8'이 나오게 됩니다.

하나만 더 해 볼까요? 전기전자공학부의 표준편차가 큽니다. 즉 합격한 학생들의 내신의 범위가 넓다는 의미입니다. 합격자 내신 평균 2.1에다가 표준편차 1.0을 더하면 3.1등급이 됩니다. 즉 내신 3.1등급을 받은 학생이 마지막으로 합격했다는 의미입니다.

그런데 대학들은 합격자 평균의 80% 정도로 발표하는 게 일반적입니다. 그러니 실제 합격선은 더 낮아질 수 있습니다. 따라서 '합격자 평균+표준편차'에 근거하여 지원선을 정해 주셔도 '안정 지원'이라고 볼 수 있습니다.

내신 평균을 중심으로 입시 결과를 해석할 때, 마지막으로 학령인구도 고려해야 합니다.

2020학년도 대입을 치른 고3 수험생 수는 52만 2,374명이었고, 2021학년도 대입을 치르게 되는 고3은 46만 9,168명입니다. 이 둘의 차를 구하면 5만 3,206명입니다. 약 5만 명의 지원자 수가 줄어든 것이지요. 여기에서는 재수생 숫자는 고려하지 않았습니다.

이런 점을 고려해서 진학 전략을 짠다면 다음과 같습니다. 먼저 인문계 학생들의 합격자 평균점에 0.1을 더하시면 됩니다. 자연계의 경우에는

0.2를 더하세요. 이렇게 점수를 보정하시면, 대략 합격자 지원권을 올해 수준으로 조정할 수 있게 됩니다.

다음 표에 이를 반영해 보았습니다.

학과	합격자 내신 평균	학령 인구 보정값	표준편차	실제 범위
경영학과	1.7	+0.1	0.1	1.9
영어영문학과	1.9	+0.1	0.4	2.4
기계공학과	2.3	+0.2	0.6	3.1
전기전자공학부	2.1	+0.2	1.0	3.3

이렇게 값을 보정하고 나면, 실제 지원 범위는 경영학과 1.9, 영어영문학과 2.4, 기계공학과 3.1, 그리고 전기전자공학부는 3.3까지 내려갑니다. 그러므로 진학 지도 시에 좀 더 여유 있게 상담을 해 주실 수 있습니다.

한편 수능 최저학력기준이 있는 대학이라면 이보다도 더 내려가게 됩니다. 2020학년도 수능에서는 문제가 어렵게 출제되어 수능 충족률 값이 상당히 내려갔습니다.

고려할 변수는 많지만, 여기서는 '평균 등급과 표준편차의 합'과 '학령 인구를 고려한 보정값'이라는 두 변수를 알아보았습니다. 끝으로 대학마다 내신 등급을 낼 때 고려하는 과목 수 또는 과목 계열의 범위가 있으므로, 이런 점도 확인해 주시면 합격 가능권을 보다 정확하게 예측할 수 있습니다.

이것만은 꼭!

전년도 합격자 자료를 해석할 때 필요한 항목은 '평균'과 '표준편차'입니다. 기본적으로 표준편차를 알아야 합격자들의 분포를 파악할 수 있습니다. 다음으로 표준편차를 이용해서 '80% 합격선'과 '추가 합격선'을 알아볼 수 있습니다. 즉 평균 점수에서 표준편차를 한 번 더하면 80% 합격자들의 점수대를 알 수 있습니다. 그리고 표준편차를 한 번 더 더하면 추가 합격자들이 받는 점수대를 추론할 수 있지요. 그러니 단순히 평균 점수만을 고려해서 자녀의 지원선을 결정하지는 마시길 바랍니다.

수능 성적을 중심으로 한 입시 결과 자료 해석 방법

수능이 끝나고 나면 '어려웠다' 또는 '쉬웠다'는 기사가 언론을 통해 쏟아집니다. 이런 평가를 내리는 기준은 무엇일까요? 수능 난도를 알아보는 방법은 '국어와 수학의 표준점수'로 해석하는 방법과 '탐구 과목의 표준점수'로 해석하는 방법으로 나뉩니다.

<국어, 수학>

표준점수	난도
150	불수능
145	어려운 수능
140	일반 수능
135	쉬운 수능 + 변별력
130 미만	쉬운 수능

표 표준점수로 보는 수능 시험 난도 1

일반적으로 원점수 만점자의 표준점수에 따라서 수능 과목별 난도를 분류할 수 있습니다. 최근에는 쉬운 수능 기조로 인해 130을 기준으로 출제됩니다. 130 미만이면 '물수능'이라고 부르고, 130~135 정도면 쉬우면서도 변별력이 있는 난도라고 할 수 있습니다. 그리고 국어나 수학에서 원점수 만점자의 표준점수가 145가 넘으면 어려운 수능으로 보고 150이상은 수능이 대단히 어려웠다고 하여 '불수능'이라고 부릅니다.

〈탐구 과목〉

표준점수	난도
75	불수능
72~73	어려운 수능
70	일반 수능
67~68	쉬운 수능 + 변별력
65	쉬운 수능

(표) 표준점수로 보는 수능 시험 난도 2

탐구 과목은 100점 만점이기 때문에 국어와 수학의 절반 값으로 보면 됩니다. 최근에는 쉬운 수능 기조로 인해 탐구 과목 원점수 만점자의 표준점수가 65를 기준으로 출제됩니다. 구체적으로 65 미만이면 '물수능'이라고 부르고, 67~68 정도면 쉬우면서도 변별력이 있는 난도로 볼 수 있고 72이상이면 어려웠다고 볼 수 있습니다.

한편 과학 탐구 영역에서 원점수 만점자의 표준점수가 70점을 기준으로 하여 출제되는데, 이는 사회 탐구 영역보다 과학 탐구 영역이 어렵게 출제되기 때문입니다. 과학 탐구 영역을 어렵고 변별력 있게 출제하는 이유는 의학 계열 지원자들을 변별하기 위한 조치라고 이해하시면 됩니다.

다음으로 학부모님들께서 가장 어려워하시는 수능의 점수 체계에 대한 것을 알려드리겠습니다. 수능 성적에서 등급과 표준점수의 관계와 등급과 백분위의 관계가 그것입니다. 이와 관련해서 다음의 두 가지 사항을 이해하셔야 정시를 준비할 수 있습니다.

1. 등급이 동일하더라도 표준 점수가 다르다.
2. 등급이 다르더라도 백분위가 동일한 경우가 있다.

말이 조금 어렵지요? 하지만 아래의 표를 보시면서 천천히, 여러 번 읽어 보시면 충분히 이해할 수 있습니다.

지원자	표준점수	계	누적	백분위 산출	백분위	누적비율	등급
A	135	3,362	20,594	96.89	97	3.39	1
B	134	4,673	25,267	96.23	96	4.16	1
C	133	3,568	28,835	95.55	96	4.74	2

표 표준점수 도수 분포표

표를 통해서 동일한 등급이라도 백분위와 표준점수에서 차이가 나는 것을 확인할 수 있습니다. 즉 지원자 A, B는 백분위에서 97과 96으로 1점 차이가 납니다. 그러나 등급의 경우에는 1등급으로 동일하지요.

반대로 지원자 B, C의 경우는 백분위가 동일합니다. 하지만 등급에서 차이가 발생합니다.

정시 지원 대학에서 백분위를 반영하여 선발하는지, 아니면 표준점수를 통해서 선발하는지를 따져 보세요.

그중 자녀에게 유리한 점수 체계를 적용하는 대학을 선택하는 것이 바람직합니다.

이것만은 꼭!

정시 전형에서 대학들이 반영하는 점수 체계 중 기본적인 것은 '백분위'와 '표준점수'입니다. '백분위'는 100%를 기준으로 학생이 받은 점수가 전체 몇 퍼센트 안에 드는지 알아보는 체계입니다. 이와 달리 '표준점수'는 200점 만점으로 하여 학생들에게 부여된 점수인데, 표준점수는 과목별로 문제의 난도를 반영하기 때문에 점수가 과목별로 달라지지요. 대학마다 능력 있는 인재를 선발하기 위해 다양한 점수 체계를 활용합니다. 그러므로 대학별 점수 체계에 관심을 가지고 이를 통해 자녀의 점수를 최대한 높게 반영해 줄 수 있는 대학을 찾으시길 권합니다.

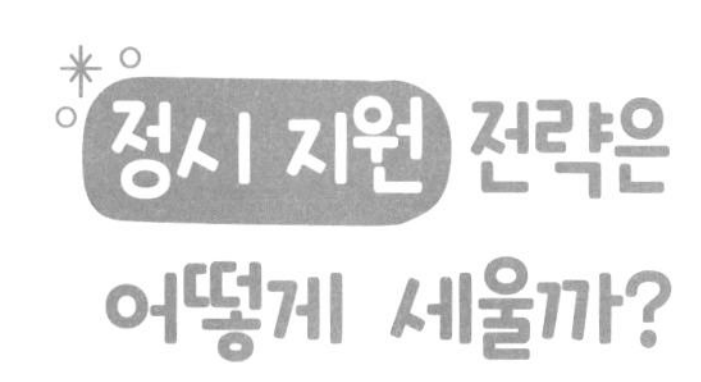

정시에서는 수시와 달리, '가'/'나'/'다'군으로 나뉘고, 각 군별로 1회씩 지원할 수가 있습니다. 다시 말해 총 3번의 기회가 있다고 보시면 됩니다. 이때 3가지 원리가 적용되는데, '선호의 원리', '인원의 원리', '배분의 원리'가 그것입니다.

대학	가	나	다	대학	가	나	다
서울대	736			서울시립대	550	36	
연세대		1085		건국대	430	645	96
고려대		756		동국대	434	377	
서강대	477			홍익대	81	123	1233
성균관대	573	537		숙명여대	80	511	

표 2021학년도 정원 내 대학군별 인원 일람표

먼저, '선호의 원리'는 대학 및 학과마다 선호도가 다르다는 점을 고려하여 지원 전략을 세우는 것입니다. 이를 통해 군별로 합격자들이 이동하는 경로를 예측할 수 있습니다.

즉 '가'/'나'/'다'군에 동시에 합격한 학생들이 어떤 대학을 우선적으로 선택할 것인지를 예측하고, 이를 바탕으로 충원 합격을 노리는 전략입니다. 충원 합격이란 예비 합격자 번호를 받았을 때, 자녀의 번호까지 선발하여 합격하는 것을 의미합니다.

다음은 '인원의 원리'인데, 한 대학 내 학과별 선발 인원과 대학 간 동일한 학과의 선발 인원, 수시 이월 인원을 고려한 선발 인원을 고려하여 지원 전략을 세우는 것을 의미합니다. 한 대학 내 학과별 선발 인원을 고려할 때는 많이 선발하는 학과에 지원할 것인지, 아니면 자신의 점수로 충분히 합격할 수 있는 곳에 지원할 것인지를 선택해야 합니다.

기준이 불분명할 경우,
선발 인원이 많은 학과를
선택하는 것이 유리합니다.

그렇다면 대학 간 동일한 학과의 선발 인원을 왜 고려해야 할까요? 일반적으로 경제학과에 지원한다고 할 때 A대학교 경제학과와 B대학교 경제학과에 지원하는 경우가 많습니다. 그래서 둘 다 합격한 학생들이 어느 학교로 이동할지를 예측하는데, 기왕이면 선발 인원이 많아서, 많이 빠져나갈 수 있는 학과를 선택하는 것이 유리하기 때문이지요.

한편 수시 이월 인원이란, 수시 전형에서 선발하지 못한 인원이 정시로 넘어오는 경우를 말합니다. 일부 대학에서 이런 현상이 발생하는데, 수시 선발 학과들에서 인원을 못 채우면 그 인원만큼을 정시에서 선발하기도 합니다. 그래서 수시에서 선발하지 못하여 정시로 넘어온 인원으로 인해 정시 입학 요강에 적혀 있던 정시 선발 인원보다 실제 정시에서 선발하는 인원이 늘어나는 경우가 생길 수 있습니다.

> 이때 유의할 점은
> 이런 수시 이월 인원을 대학마다
> 수시 선발이 종료되고 난 다음에 발표한다는 것입니다.
> 그러므로 지원 대학의 입학처 홈페이지 등을 통해서
> 해당 인원을 직접 확인해야 합니다.

물론 어플라이를 제공하는 업체들에서 일괄적으로 제공하기도 하지요.

마지막으로 '배분의 원리'는 자신이 안정적으로 합격할 수 있는 대학·학과, 시험 삼아 한 번 도전해 보는 대학·학과를 결정하여 지원하는 것입니다. 이른바 '지르는 것'과 '무조건 붙는 것', 최소한 이 두 가지의 대학·학과를 결정하여 '가'/'나'/'다'군에 적절히 배치하라는 의미지요.

즉 정시 원서를 모두 안정권이나 하향 지원에만 넣거나 모두 상향 지원으로만 넣을 것이 아니라 잘 안배하자는 것입니다. 한 장 정도는 하향 안정권으로, 한 장 정도는 적정권으로, 다른 한 장은 상향해서 지원하는 전략도 필요합니다.

이것만은 꼭!

정시 원서를 쓸 때 최적의 결과를 가져오기 위해 적용할 세 가지 원리는 '선호의 원리', '인원의 원리' 그리고 '배분의 원리' 입니다. 그중 배분의 원리가 가장 중요합니다. 재수를 고려한다면, '가' / '나' / '다' 군 모두 자녀의 점수보다 높은 대학을 지원하게 됩니다. 하지만 재수를 하지 않겠다고 결정하면, '가' / '나' / '다' 군 중에서 한두 대학은 합격할 수 있는 곳을 쓰게 됩니다. 그러므로 정시 전형을 준비할 때는 그해에 반드시 합격해야 하는지, 아니면 좀 더 여유를 두고 진학을 준비할 수 있는지부터 결정하셔야 합니다.

대입 정보를 알아볼 수 있는 사이트 소개

일반적으로 '대입 정보'의 유형은 전체 입시 경향을 파악하는 데 도움이 되는 정보, 대학별 요강 및 입시 결과를 구체적으로 알고자 할 때 도움이 되는 정보, 학생의 학업 성적 등의 자료를 활용하여 얻을 수 있는 정보로 구분할 수 있습니다.

대입 정보 포털 어디가 (http://www.adiga.kr)

학생 성적 입력 후 성적 분석 및 대학별 성적 계산 결과를 제공합니다. 따라서 개인 맞춤형 정보를 찾는 데 유용합니다. 이 밖에도 대학별 합격/불합격 자료도 제공하므로, 이 사이트 하나만 잘 활용해도 원하는 정보를 찾는 데 무리가 없다고 판단됩니다.

대입 상담 프로그램 (http://counsel.kcue.or.kr)

대교협에서 운영하며 대학별 입시 요강 자료가 잘 정리되어 있습니다. 접속하면 한눈에 격자 모양으로 대학 자료가 올라와 있고, 자료실에서 다양한 대입 정보를 볼 수 있는 것이 장점입니다. 특히 재직 고교의 합격/불합격 자료를 제공한 고교의 교사만 로그인이 가능하며, 이 경우에는 보다 많은 입시 정보를 공유할 수 있습니다.

대학 알리미 (https://www.academyinfo.go.kr)

대학의 등록금부터 학과 소개까지 대학의 모든 정보가 담겨 있습니다. 그중 '대학별 학과 정보' 코너를 활용하면 진로 설계 과정에 도움이 되는 정보를 얻을 수 있습니다. 그 예로는 졸업생 진학 현황, 졸업생 취업 현황이 있는데, 이를 대학별로 간단히 알아볼 수도 있습니다.

다음으로 개인들이 운영하는 입시 관련 카페나 블로그 중 유용한 것을 소개합니다.

윤 초시 사랑방 (https://cafe.naver.com/ychosi)

교육방송 및 교사들이 제공하는 입시 정보를 한곳에 모은 사이트입니다. 항목 중 '진학 지도 쌤' 코너에는 교사들이 만든 입시 자료가 모여 있어서 학교 현장에 유용한 자료들이 많습니다. 그리고 과년도 대입 정보란에서 2011년부터 수집된 정보를 활용하면 입시의 변화 양상을 파악하기 수월합니다.

강산을 보며 나누는 이야기 (https://blog.naver.com/3san3)

입시 정보를 상세히 분석한 자료가 들어 있습니다. 대학별 전형 일정을 재구성하여 보기 쉽게 정리하고, 여기에 덧붙여 입결 자료 등 수요자 중심으로 입시 정보를 제공하고 있습니다. 그 외에도 로스쿨 정보 등 대학 진학 후 관심을 가지는 항목들도 함께 다루고 있어서 추천합니다.

김진만 입시 스케치 (https://cafe.naver.com/ksatspecialist)

공교육 및 사교육에서 제공되는 대표적인 자료들을 선별하여 모아 두었습니다. 대입 전문가들의 입시 칼럼, 수시와 정시 데이터 제공 등 다양한 요소를 항목별로 보기 쉽게 정리한 것이 장점입니다. 특히 '수시 전략 정보' 코너에는 정보 검색기가 탑재되어 있어서 엑셀 파일로 작성한 입시 요강, 합격/불합격 자료 등을 검색할 수 있습니다.

이 밖에 다양한 교육 블로그나 카페, 유튜브 채널에서 입시 정보를 얻을 수도 있습니다. 그러나 자녀의 소속 고교에서 학부모 대상으로 개최하는 '입시 설명회'만큼 직접적으로 한눈에 입시 결과를 확인할 수 있는 기회는 흔치 않습니다. 소속 고교의 대입 설명회나 수시 설명회, 정시 설명회는 놓치지 말고 꼭 참석하셔서 자녀의 지원 가능 대학을 판단하시는 데 참고하시길 바랍니다.

이것만은 꼭!

여러 기관의 대입 정보를 찾아보는 것은 자녀와 함께 짠 지원 전략을 검증해 보는 절차라고 생각하시면 됩니다. 전년도 합격자들의 점수 분포부터 추가 합격율이나 추가 합격 인원 등을 파악하는 것까지 여기에 포함됩니다. 특히 수시 전형에서는 6개 대학 및 학과를, 정시 전형에서는 3개 대학 및 학과를 지원할 수 있습니다. 여러 군데에 동시에 합격하면 그중 1개 대학을 선택해야 하므로, 정시보다는 수시 전형에서 충원율, 충원 인원이 더 많습니다. 이러한 점을 고려하여 지원 전략을 수립하신다면 기대 이상의 결과를 얻으실 수 있습니다.

맺음말

교학상장(敎學相長)은 가르치는 사람과 배우는 사람이 서로 함께 성장한다는 의미로 자주 인용되는 말입니다. 교육의 장이 가정이든, 학교든 간에 배우는 사람인 아이들만 성장하는 것이 아니라 가르치는 부모 또는 교사도 교육 과정에서 아이와 서로 상호작용하며 함께 성장한다는 것을 뜻하는 말이지요.

교육 현장에서 아이들을 가르치는 교사의 입장일 때도, 그리고 자식을 교육하는 부모의 입장일 때도 교육 과정에서 수많은 시행착오와 후회스러운 순간들을 겪으면서 교사로서, 부모로서 단단하고 깊어지는 성장을 경험할 수 있었습니다. 아이들만 배우고 성장하는 것이 아니라 부모들도 자식을 기르면서 배우고 진짜 부모로 성장하게 됩니다. 자식의 일거수일투족에 반응하며 노심초사했던 초보 부모에서 자식을 믿어 주고 허용의 범위를 넓혀 주면서 기다려 주는 부모로 성장하게 되지요.

교육 과정에서 가르치며, 배우며 서로 성장한다는 것은 참으로 근사한 말입니다. 그런데 부모님들이 실제로 만나게 되는 우리의 교육 현실은 이렇게 이상적이거나 근사하지만은 않습니다. 활용 가능한 교육 프로그램이나 정보가 주변에 많아 보이지만, 막상 우리 자녀에게 맞는 것을 선택해서 올바르게 적용시키는 일은 쉽지 않습니다. 자녀 교육을 위해 부모님들이 정보를 모으고 연구하려 해도 교육과 입시는 언제나 어렵기만 합니다. 학교 내신도 입시도 어느 것 하나 쉬운 게 없습니다. 거기에다 고입 또는 대입을 앞두고 자녀 교육의 큰 변수인 사춘기가 오는 경우도 있으니, 자식일이 뜻대로 되지 않아 속앓이하는 부모님들이 참으로 많습니다.

'자식을 교육하는 것은 원래 힘들고 입시는 원래 어렵다'고 여겨서 포기하기엔 우리 자녀가 너무 소중하고 우리 부모님들의 교육열이 너무 뜨겁습니다. 자녀 교육과 입시에서 우리 부모님들은 갈림길투성이 미로에 서서 수많은 선택을 해야 하고 자주 딜레마에 빠지곤 합니다. 한 치 앞도 보이지 않아 막막하고 불안한 심정. 외동이 아들이 중고생이었을 때, 제가 느꼈던 감정이 바로 이러했습니다.

학업과 입시 등 갈 길은 먼데 사춘기로 방황하는 자녀의 돌발 행동에 마냥 실망하고 분개하고 걱정했습니다. 그런데 그토록 힘겹게 느껴졌던 아들의 사춘기가 창조적 파괴를 통해 성장하는 과정이요, 부모로부터 정신적으로 독립하기 위한 건강한 몸부림임을 한참 후에야 깨닫게 되었습니다. 부모로서 제가 제 감정에만 너무 빠져 있어서 아이의 입장과 속마음을 헤아려 주지 못했던 순간들이 후회됩니다. 어쩌면 우리 자녀들도 말 못할 사정이 있고 고민도 많고 학업이나 친구로부터 받는 압박감으로 힘겨워서 그런 행동들을 했을 지도 모를 일입니다. 이미 아이와 다툴 만큼 다툰 후에야 이렇게 뒤늦은 깨달음을 얻게 된 것이 부모로서 참으로 안타깝습니다. 이 책을 읽으시는 부모님들은 사춘기 자녀를 머리와 가슴으로 이해해 주시고 갈등을 최대한 줄이시면서 자녀를 교육하시길 바라는 마음입니다.

자식 키우는 일을 농사에 비유해서 '자식 농사'라는 말을 많이 씁니다. 농부가 밭에 씨를 뿌리고 아무리 "더 빨리! 더 빨리!" 하고 외치며 재촉해도 곡

식이 자라기 위해서는 충분한 시간을 기다려 주어야 하는 것처럼, 부모가 아무리 초조해 하고 조바심을 내어도 자녀의 성장과 교육에는 기다림의 시간이 필요합니다. 자식을 기르면서 부모로서 제가 배운 것은 인내와 기다림이었습니다. 부모의 기대에 차지 않는 행동을 하는 아이에게 화내고 야단치고 훈계하는 대신, 우리 부모들이 먼저 자식을 너그럽게 수용해 주고 믿어 주고 기다려 줍시다.

자녀의 학업과 진로 문제에서도 주도권은 자녀에게 맡겨 주시고 부모님은 측면에서 지원만 하시면서 아이 스스로 길을 찾도록 기다려 주세요. 자녀들이 작은 성취와 실수들을 다양하게 경험하고 이를 통해 성장하고 배울 수 있는 기회를 주세요.

자녀와 함께 울고 웃으며 자녀 교육에 헌신해 오신 부모님들, 진심으로 존경합니다. 자녀를 위해 자신을 돌보지 않고 희생해 오신 부모님들이야말로 이 시대의 진정한 영웅들이십니다. 이 책에 대입까지 경험한 엄마의 실제 경험과 고교 교사의 교육적 혜안, 그리고 입시 전문가의 노하우까지 담아서 대한민국의 중학생과 고등학생 자녀를 두신 부모님들께 바칩니다. 이 책이 자녀의 건강한 성장과 학업 성취, 그리고 진로 설정에 조금이나마 참고가 되고 도움이 되기를 간절히 바랍니다.

2020년 어느 겨울날,
중고생들과 학부모님들의 건강과 행복을 바라며,
공동 집필진 올림